磁性材料产业联盟专业技能人才培训教材
工学一体化课程教学改革·智能制造系列

机械产品测量技术

主　编 ◎ 汪　峰　沐俊杰　赵　毅

副主编 ◎ 金　茂　张倩瑶　乐振土

参　编 ◎ 张　凯　骆泽阳　喻炜峰　陈初阳

西南交通大学出版社

·成　都·

内容简介

本教材服务于现代制造和国家战略性新兴材料产业智能检测领域，内容涵盖公差配合、检测技术和通用量具检定三个模块，共设八个学习任务。其中，任务一至任务六聚焦检测知识与技能的学习实践，任务七侧重常用量具的检定操作，任务八通过企业案例模拟检测，强化学生实际应用能力。教材采用两栏排版，重点突出，左右对应，并融入国家检验检测中心技术资源和企业案例，重点、难点之处或者以彩色形式注释，或者以二维码形式添加数字资源，学生扫码即可观看，真实再现企业工作场景。

本教材适用范围广泛，可作为高等职业院校、技工院校检测类专业核心教学用书，亦可为企业工程技术人员提供专业参考。本书提供配套教学工具包，包括课件、图纸 CAD 文件、课程标准、教案、相关表格等，以辅助教学，读者可拨打课件咨询电话联系出版社获取。

图书在版编目（CIP）数据

机械产品测量技术 / 汪峰，沐俊杰，赵毅主编.
成都：西南交通大学出版社，2025. 6. -- ISBN 978-7-5774-0425-7
Ⅰ. TB22
中国国家版本馆 CIP 数据核字第 2025WX0418 号

Jixie Chanpin Celiang Jishu
机械产品测量技术

主编／汪　峰　沐俊杰　赵　毅	策划编辑／梁志敏　王　旻
	责任编辑／梁志敏
	责任校对／谢玮倩
	封面设计／墨创文化

西南交通大学出版社出版发行
（四川省成都市金牛区二环路北一段 111 号西南交通大学创新大厦 21 楼　610031）
营销部电话：028-87600564　　028-87600533
网址：https://www.xnjdcbs.com
印刷：四川森林印务有限责任公司

成品尺寸　185 mm×260 mm
印张　13.5　　字数　336 千
版次　2025 年 6 月第 1 版　　印次　2025 年 6 月第 1 次

书号　ISBN 978-7-5774-0425-7
定价　48.00 元

课件咨询电话：028-81435775
图书如有印装质量问题　本社负责退换
版权所有　盗版必究　举报电话：028-87600562

前　言

随着制造业向智能化、精密化方向快速发展，机械产品测量技术作为产品质量控制的核心环节，对技术人才的实践能力提出了更高要求。本书秉承"基础理论为根，实操技能为本，工程应用为魂"的编写理念，旨在为职业院校机械类专业学生、企业技术人员及技能竞赛选手提供一套系统化、实用化的学习指南，帮助读者掌握从基础量具使用到复杂零件检测的全流程技能，同时融入行业最新标准与技术创新，助力培养"懂原理、精操作、能创新"的高素质技术技能人才。本书具有以下显著特色：

专业性强，经验赋能

本书融合机械测量领域的最新国家标准《产品几何技术规范（GPS）线性尺寸公差 ISO 代号体系》（GB/T 1800—2020）、JJG 34-2022 检定规程与行业一线实践经验，内容严格对标企业真实检测场景。编写团队由资深工程师与职业教育专家联合组成，确保理论严谨性与实操可行性高度统一。

涵盖面广，重点突出

内容覆盖基础测量工具（游标卡尺、千分尺等）、典型零件检测（轴类、箱体、螺纹等）、企业真实案例及量具检定流程四大类模块，同时以"项目教学法"为主线，设置 9 项企业级检测任务（如减速器壳体检测、梯形丝杠轴评价等），通过"任务分析→量具选型→数据采集→误差诊断"四步法强化技能闭环。

资源丰富，步步为营

支持立体化学习，配套提供 20 多个高清操作视频（扫码可观看），直观演示游标卡尺检定、三针法测螺纹中径等难点操作；阶梯化训练：设置"基础→综合→创新"三级习题库，配套企业真实检测报告范例，逐步提升复杂工程问题解决能力；实战化案例：引入细长轴、四轴转台 L 块等 9 个典型工程案例，还原工艺难点与解决方案。

本书的编写工作得到了全国电工合金标准化技术委员会及苏州英示测量科技有限公司、杭州象限科技有限公司、杭州科德磁业有限公司等多家高端制造企业的技术支持。感谢中国计量科学研究院贺建高级工程师、桂林电器科学研究院崔得锋高级工程师对关键章节的审校与建议。

编　者

2025 年 3 月

数字资源目录

序号	资源名称	资源类型	页码	资源位置
1	游标卡尺测量方法	微课视频	8	学习任务一
2	外径千分尺测量方法	微课视频	10	
3	深度游标卡尺测量方法	微课视频	11	
4	径向跳动误差的测量方法	微课视频	16	
5	内径百分表测量方法	微课视频	35	学习任务二
6	垂直度误差的测量方法	微课视频	42	
7	同轴度误差的测量方法	微课视频	43	
8	轴向圆跳动误差的测量方法	微课视频	45	
9	高度游标卡尺测量方法	微课视频	62	学习任务三
10	万能角度尺测量方法	微课视频	86	学习任务四
11	粗糙度仪的测量方法	微课视频	90	
12	粗糙度对比块测量方法	微课视频	95	
13	直线度误差的测量方法	微课视频	96	
14	圆度误差的测量方法	微课视频	98	
15	圆柱度误差的测量方法	微课视频	100	
16	平面度误差的测量方法	微课视频	125	学习任务五
17	平行度误差的测量方法	微课视频	127	
18	螺纹量规结构和使用方法	微课视频	143	学习任务六
19	公法线千分尺测量方法	微课视频	147	
20	游标卡尺示值误差的检定	微课视频	168	学习任务七
21	千分尺示值误差的检定	微课视频	177	
22	百分表示值误差的检定	微课视频	186	

目 录

学习任务一　轴类零件检测 ·· 001
   1.1　检测任务描述 ··· 004
   1.2　量具配置准备 ··· 006
   1.3　轴类零件手工检测模拟演练 ··· 014
   1.4　实战操作 ··· 017
   1.5　思考题 ·· 018

学习任务二　套类零件检测 ·· 024
   2.1　检测任务描述 ··· 027
   2.2　量具配置准备 ··· 029
   2.3　套类零件手工检测模拟演练 ··· 038
   2.4　实战操作 ··· 046
   2.5　思考题 ·· 048

学习任务三　配合零件检测 ·· 056
   3.1　检测任务描述 ··· 059
   3.2　量具配置准备 ··· 061
   3.3　配合零件手工检测模拟演练 ··· 069
   3.4　实战操作 ··· 071
   3.5　思考题 ·· 073

学习任务四　锥类零件检测 ·· 078
   4.1　检测任务描述 ··· 081
   4.2　量具配置准备 ··· 083
   4.3　锥类零件手工检测模拟演练 ··· 091
   4.4　实战操作 ··· 102

4.5　思考题 · · · · · · 104

学习任务五　箱体类零件检测 · · · · · · 112
　　5.1　检测任务描述 · · · · · · 115
　　5.2　量具配置准备 · · · · · · 117
　　5.3　箱体类零件手工检测模拟演练 · · · · · · 122
　　5.4　实战操作 · · · · · · 128
　　5.5　思考题 · · · · · · 131

学习任务六　螺纹类零件检测 · · · · · · 137
　　6.1　检测任务描述 · · · · · · 140
　　6.2　量具配置准备 · · · · · · 142
　　6.3　螺纹类零件手工检测模拟演练 · · · · · · 148
　　6.4　实战操作 · · · · · · 151

学习任务七　常用量具的检定 · · · · · · 159
　　7.1　检测任务描述 · · · · · · 162
　　7.2　通用卡尺检定 · · · · · · 164
　　7.3　千分尺检定 · · · · · · 172
　　7.4　指示检定 · · · · · · 180

学习任务八　实战案例 · · · · · · 191
　　8.1　案例1 · · · · · · 191
　　8.2　案例2 · · · · · · 194
　　8.3　案例3 · · · · · · 197
　　8.4　案例4 · · · · · · 200
　　8.5　案例5 · · · · · · 204

参考文献 · · · · · · 207

习题答案 · · · · · · 208

学习任务一　轴类零件检测

【学习目标】

- ◇ 能独立领取、阅读及核对检测任务通知单内容，明确检测任务。
- ◇ 能根据检测图纸要求，查阅资料，完成轴类图纸的分析，选取和校验量具。
- ◇ 能依据工量具使用规范，完成零件几何尺寸、同轴度等基本参数检测。
- ◇ 能完成检测数据结果的整理及归纳汇总，规范填写尺寸检测报告。
- ◇ 能按照工量具和检测仪器的保养要求，完成游标卡尺、千分尺、深度尺和同轴度测量仪等量仪常规维护保养。
- ◇ 能依据现场管理规范，完成工作现场的清理整顿，达到现场管理要求。

【考核要点】

根据轴类零件检测图样，使用游标卡尺、千分尺、同轴度测量仪等量仪，以手工检测方式完成检测表中标注尺寸的检测，并输出尺寸检测报告。

【建议学时】

18 学时。

【工作流程】

 →  →  →

接受任务　→　检测前准备　→　零件检测　→　尺寸评价

| 1. 正确领取、阅读、核对检测任务通知单。
2. 分析样品检测图纸。
3. 与质量经理进行有效沟通，明确零件检测项目要求。 | 1. 依据企业实际检测条件，制定检测工艺方案。
2. 正确阅读作业指导书，确认检测标准。
3. 根据零件特征，正确选择、校验检测器具。 | 1. 规范、熟练使用工量器具，完成零件尺寸、几何公差检测。
2. 记录检测数据。
3. 正确保养、检查和收纳工量具。 | 1. 对检测数据结果进行归纳汇总。
2. 分析并解决质量分析过程中的问题。
3. 按照工作要求完成质量分析。 |

学习任务一　工　单						
零件名称		工时		18学时	班组	
检验员						
责任部门		检测中心编码			日期	
量具、量仪						
学习任务						
任务目标						

知识与技能	
实施过程	
尺寸评价	

成绩评定		
组内互评成绩	A（　）、B（　）、C（　）	教师评定成绩 （A、B、C 三等）
本人评定成绩	A（　）、B（　）、C（　）	

1.1 检测任务描述

为了保证外协零件的入库质量控制,需要对输出轴几何尺寸、垂直度、同轴度进行检测,以确保后期装配工作的顺利进行。现有一家机械设备公司因生产需要,外协了一批输出轴零件,共 400 件,要求学院根据报检通知要求,按照抽样检测标准进行产品入厂检测工作,对照图纸及技术要求(见图 1-1),使用游标卡尺、百分表等工量具分别对输出轴几何尺寸、同轴度等参数进行检测,检测项目如表 1-1 所示。按照零件类型差异,此任务属于轴类零件的检测。该项工作由教师下达工作任务,要求学生独立完成检测。

表 1-1 检测项目

序号	尺寸描述		公差	上极限尺寸	下极限尺寸
1	外径(2 处)	$\phi 30_{-0.050}^{-0.025}$	0.025	29.975	29.950
2	外径	$\phi 41_{-0.041}^{-0.020}$	0.021	40.98	40.959
3	长度	$132_{-0.1}^{+0.1}$	0.2	132.1	131.9
4	深度	$50_{-0.1}^{+0.1}$	0.2	50.1	49.9
5	同轴度	$\phi 41_{-0.041}^{-0.020}$	0.021	—	—
6	圆柱度	$\phi 41_{-0.041}^{-0.020}$	0.021	—	—
7	端面跳动	$\phi 47$	0.025	—	—
8	垂直度	$\phi 47$	0.01	—	—

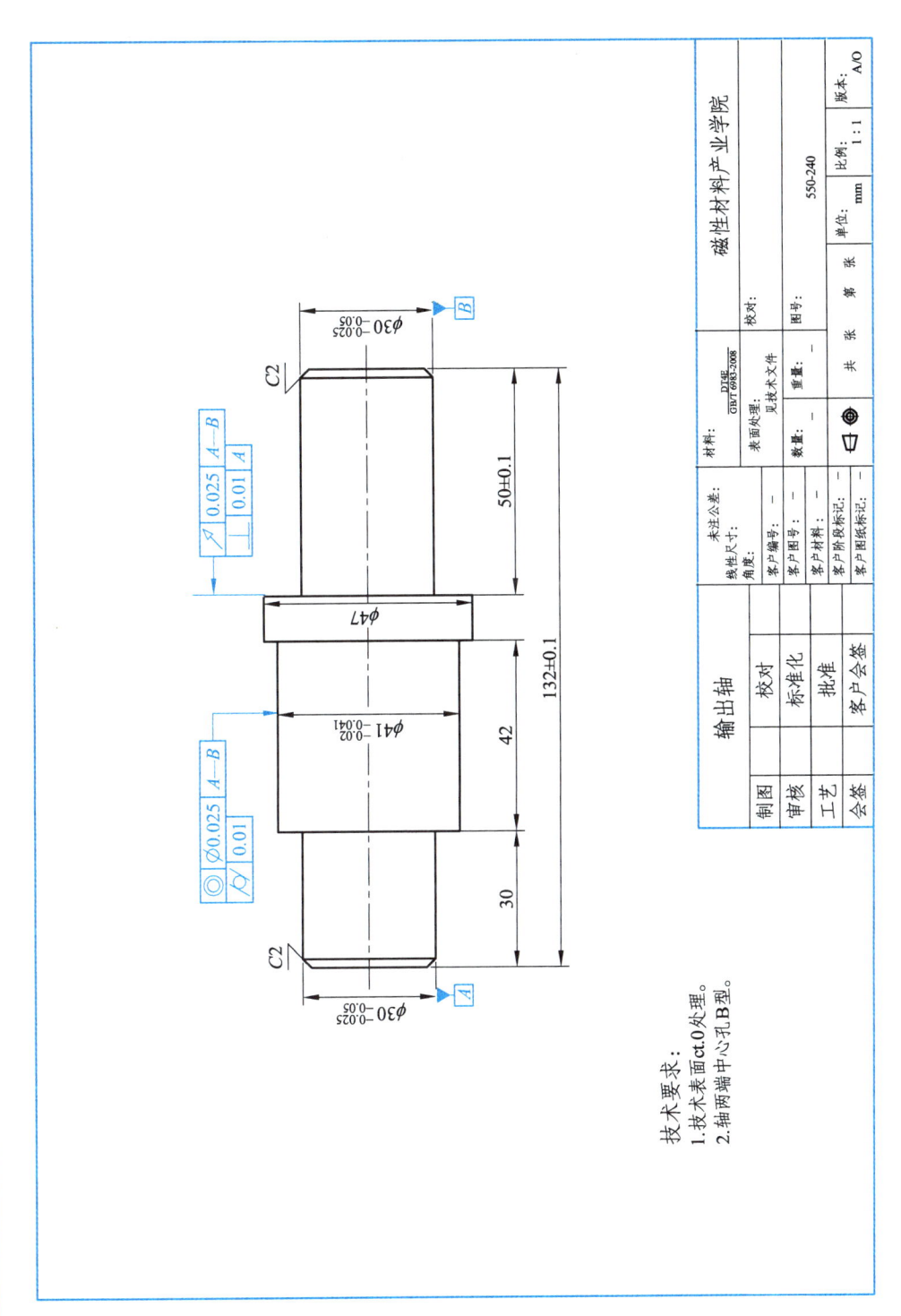

图 1-1 任务一 零件图纸

1.2 量具配置准备

1.2.1 量具配置清单（见表 1-2）

表 1-2　量具配置清单

名称	规格	数量
游标卡尺	0~150 mm / 0.02 mm	1 把
千分尺	0~25 mm / 0.01 mm	1 把
深度尺	0~150 mm / 0.02 mm	1 把

1.2.2 游标卡尺

1.2.2.1 游标卡尺结构

游标卡尺是一种应用游标原理制成的量具。其结构简单、使用方便、测量范围大，可测零件的外径、内径、长度、深度及孔距，主要用于较低精度零件的测量。游标卡尺主要由主标尺、游标尺、深度尺、刀口内测量爪、刀口外测量爪和制动螺钉等组成，如图 1-2 所示。

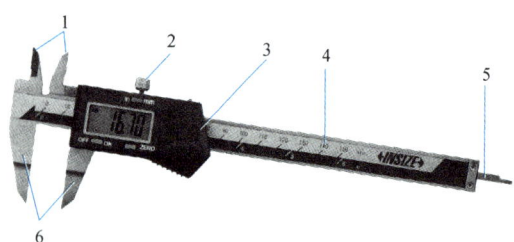

1—刀口内测量爪；2—制动螺钉；3—游标尺；
4—主标尺；5—深度尺；6—刀口外测量爪。

图 1-2　游标卡尺

1.2.2.2 游标卡尺规格和测量范围

游标卡尺按测量精度分为 0.10 mm、0.05 mm 和 0.02 mm 三种，常见的为 0.02 mm，测量范围一般为 0~150 mm、0~200 mm、0~300 mm、0~500 mm、0~1000 mm、0~2000 mm。

 知识搜索

一、极限与配合术语

（一）尺寸

1. 公称尺寸（nominal size）

由图样规范定义的理想形状要素的尺寸，即由设计者给定的尺寸，孔的公称尺寸用 D 表示，轴的公称尺寸用 d 表示。

2. 实际尺寸（actual size）

拟合组成要素的尺寸，通过实际测量获得，孔的实际尺寸用 Da 表示，轴的实际尺寸用 da 表示。

注：① GB/T 24637.1—2020 的 3.3.8 和 3.3.5 分别对"拟合要素"和"组成要素"进行了定义标注；② 实际尺寸通过测量得到。

3. 极限尺寸（limits of size）

尺寸要素的尺寸所允许的极限值，极限值分为上极限尺寸 ULS 和下极限尺寸 lIS。

上极限尺寸：孔和轴允许的最大尺寸，分别用 D_{max} 和 d_{max} 表示。

下极限尺寸：孔和轴允许的最小尺寸，分别用 D_{min} 和 d_{min} 表示。

注：为了满足要求，实际尺寸位于上、下极限尺寸之间，含极限尺寸。

（二）偏差

1. 极限偏差（limit deviation）

相对于公称尺寸的上极限偏差和下极限偏差，其数值可以为"正""负"和"零"。

上极限偏差：上极限尺寸减其公称尺寸所得的代数差。孔用 ES 表示，轴用 es 表示。

注：上极限偏差是一个带符号的值，其可以是负值、零值或正值。

1.2.2.3 游标卡尺读数原理

精度值为 0.02 mm 的游标卡尺，尺身每小格为 1 mm，游标刻线总长为 49 mm 并等分为 50 格，每格为 49/50=0.98 mm，则尺身和游标一格之差为 1-0.98=0.02 mm，所以它的读数值为 0.02 mm。

1.2.2.4 游标卡尺读数方法

第一步：读整数，在尺身上读出位于游标零线左边最接近的整数值。

第二步：读小数，看游标上哪条刻线与主尺刻线对齐，按每格 0.02 mm 读出小数值。

第三步：求和，将以上整数和小数相加，如图 1-3 所示。图中游标卡尺显示读数值为 27×1+27×0.02=27.54。

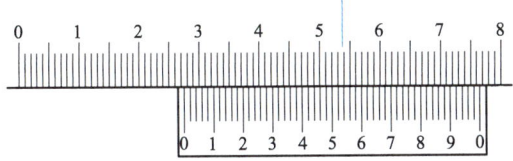

图 1-3 游标卡尺读数示例

1.2.2.5 游标卡尺的使用与保养

① 使用前先擦净测量爪，然后合并两测量爪使之贴合，检查主标尺、游标尺零线是否对齐。若未对齐，应在测量后根据原始误差修正读数。

② 测量时，方法要正确，读数时眼睛要垂直于尺面，否则测量不准确。游标卡尺的规范操作如图 1-6 所示。

③ 当测量爪与被测工件接触后，用力不能过大，以免测量爪变形或磨损，影响测量精度。

④ 使用完毕后须将游标卡尺擦拭干净，涂上防锈油。

下极限偏差：下极限尺寸减其公称尺寸所得的代数差。孔用 EI 表示，轴用 ei 表示。极限偏差在标注中的应用如图 1-4 所示。

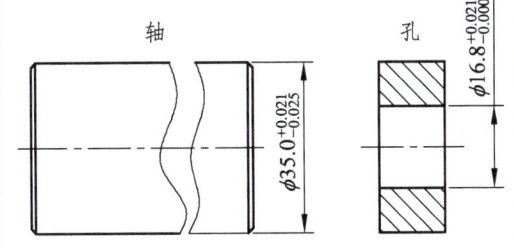

图 1-4 极限偏差在标注中的应用

2. 实际偏差

实际偏差指实际要素减去其公称尺寸所得的代数差，孔用 E_a 表示，轴用 e_a 表示。

注意：对于合格的零件，实际偏差应限制在极限偏差的范围内，也可达到极限偏差。

零件偏差合格的条件如下：

孔：$EI \leq E_a \leq ES$；

轴：$ei \leq e_a \leq es$。

轴与孔的公差、偏差与配合如图 1-5 所示。

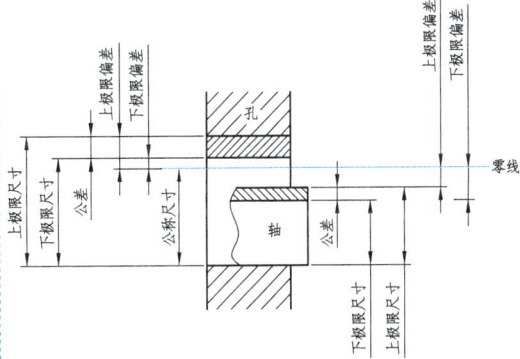

图 1-5 轴与孔的公差、偏差与配合

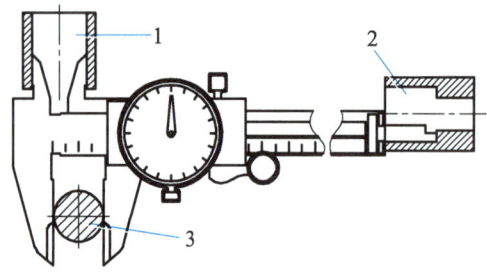

1—内径测量；2—深度测量；3—外径测量。

图 1-6　游标卡尺正确测量方法

视频：游标卡尺测量方法

1.2.3　千分尺

1.2.3.1　千分尺结构

千分尺是一种精密量具，使用方便，结构简单，读数准确，分度值达 0.01 mm。千分尺主要由尺架、固定套管、微分筒、测砧、测微螺杆、锁紧装置和测力装置等组成，如图 1-7 所示，主要用于测量工件的各种外形尺寸，如外径、长度和厚度等。

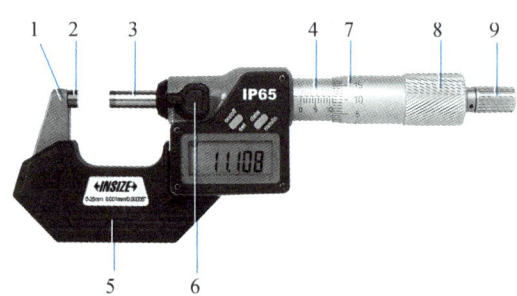

1—尺架；2—小砧；3—测微螺杆；4—固定套筒；
5—隔热装置；6—锁紧装置；7—微分筒；
8—旋钮；9—微调旋钮。

图 1-7　千分尺

1.2.3.2　千分尺规格和测量范围

常见千分尺测量精度为 0.02 mm，测量范

尺寸与偏差的术语如表 1-3 所示。

表 1-3　尺寸与偏差术语统计表

	公称尺寸		实际尺寸		极限尺寸	
尺寸	孔	轴	孔	轴	孔	轴
	D	d	Da	da	D_{max}	d_{max}
					D_{min}	d_{min}
偏差	上极限偏差			下极限偏差		
	ES	es		EI		ei
	ES=D_{max}-D	es=d_{max}-d		EI=D_{min}-D		ei=d_{min}-d

（三）尺寸公差（简称公差）

1. 定义

尺寸公差是指允许尺寸的变动量，如图 1-5 所示。

孔公差：$T_h = |D_{max}-D_{min}| = |ES-EI|$

轴公差：$T_s = |d_{max}-d_{min}| = |es-ei|$

注意：公差是没有符号的绝对值。公差是用以限制误差的，工件的误差在公差范围内即合格；反之，则不合格。

2. 公差带及公差带图

公差带是由代表上极限偏差和下极限偏差（或上、下极限尺寸）的两条平行直线所限定的区域。国家标准规定，为简化图例，常采用公差带图表达公差带。公差带图以公称尺寸为零线，零线以上为正偏差，零线以下为负偏差，如图 1-8 所示。

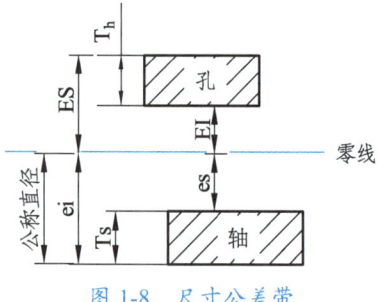

图 1-8　尺寸公差带

围一般为 0~25 mm、25~50 mm、50~75 mm、75~100 mm。

1.2.3.3 千分尺读数原理

测微螺杆的螺距为 0.5 mm，微分筒网锥面上一圈的刻度是 50 格。微分筒旋转一周，带动测微螺杆移动一个螺距，即 0.5 mm。若微分筒移动 1 格，则带动微螺丝杆着轴线方向移动 0.01 mm，0.01 mm 即为千分尺的最小分度值。

1.2.3.4 千分尺读数方法

① 观察固定标尺读数准线（即微分筒前沿）所在的位置，从固定标尺上读出整数部分。

② 以固定标尺的刻度线为读数准线，读出 0.5 mm 以下的数值，估计读数到最小分度的 1/10。

③ 两者相加求和，如图 1-9 所示。图中千分尺显示读数值为 22+0.5+0.084=22.584。

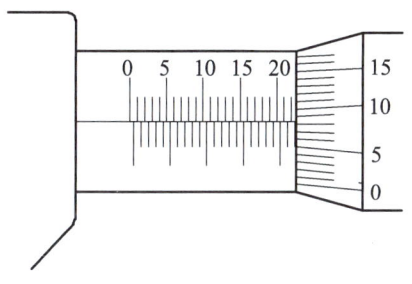

图 1-9 千分尺读数示例

1.2.3.5 千分尺的使用与保养

① 使用千分尺时先要检查其零位是否校准，因此先松开锁紧装置，砧座与测微螺杆的接触面（测量面）要清洗干净，检查微分筒是否与固定套筒上的零线重合。

② 测量前应把千分尺擦干净，检查千分尺的测微螺杆是否磨损，测微螺杆与测量面紧密贴合时，应无明显的间隙。

③ 当测微螺杆接近被测工件时，一定要

3. 标准公差系列

极限与配合国家标准中所规定的任意公差称为标准公差。它反映了尺寸的精度和加工的难易程度。

标准公差：公差等级为了满足生产需求，国家标准规定标准公差分为 20 个等级：IT01，IT0，IT1，IT2，…，IT18。其中，IT01 精度最高，IT18 精度最低。

注意：同一公差等级具有相同的精度，即相同的加工难易程度。

标准公差数值：标准公差值与公差等级、公称尺寸有关。

4. 基本偏差系列

基本偏差是指在极限与配合制中用以确定公差带相对零线位置的上极限偏差或下极限偏差，一般为靠近零线的那个偏差，如图 1-10 所示，它是决定公差带位置的参数。

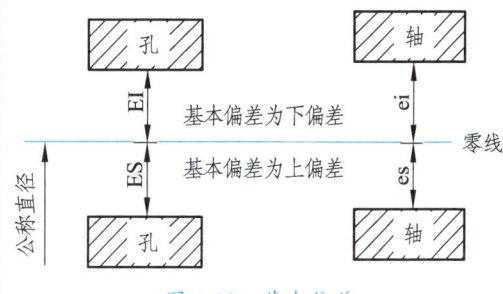

图 1-10 基本偏差

（1）基本偏差数值

国家标准中对孔、轴分别规定了 28 种基本偏差，代号用拉丁字母表示，大写字母表示孔的基本偏差，小写字母表示轴的基本偏差，如表 1-4 所示。

改用微调旋钮，不能直接旋转微分筒测量工件。

④ 测量时，应手握隔热装置，涂上防锈油，尽量减少手和千分尺金属部分的接触，千分尺使用完毕，应用布擦干净，在测砧和测微螺杆的测量面间留出空隙。如长期不使用可置于干燥处。

视频：外径千分尺测量方法

1.2.4 深度游标卡尺

1.2.4.1 深度游标卡尺结构

深度游标卡尺用于测量凹槽或孔的深度、梯形工件的梯层高度、长度等尺寸，平常又称为"深度尺"，结构如图 1-11 所示。

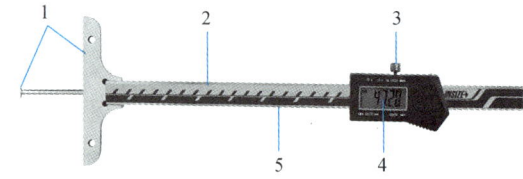

1—测量面；2—尺框；3—紧固螺钉；
4—尺杆；5—导向面。

图 1-11 深度游标卡尺

1.2.4.2 深度游标卡尺规格和测量范围

常见量程：0～100 mm、0～150 mm、0～300 mm、0～500 mm。

常见精度：0.02 mm、0.01 mm。

1.2.4.3 深度游标卡尺使用

① 测量时，先把测量基座轻轻压在工件的基准面上，两个端面必须接触工件的基准面，如图 1-12 所示。

② 测量轴类等台阶时，测量基座的端面

表 1-4 孔和轴的基本偏差代号

项目	基本偏差代号												
孔	A	B	C	D	E	F	G	H	J	K	M	N	
			CD		EF		FG		JS				
轴	a	b	c	d	e	f	g	h	j	k	m	n	
			cd		ef		fg		js				
孔	P	R	S	T	U	V	X	Y	Z				
										ZA	ZB	ZC	
轴	p	r	s	t	u	v	x	y	z				
										za	zb	zc	

孔和轴同字母的基本偏差相对零线基本对称分布；在基本偏差数值表中将 js 划归为上偏差，将 JS 划归为下偏差；代号 k、K 和 N 随公差等级的不同，其基本偏差数值有两种不同的情况（K、k 可为正值或零值，N 可为负值或零值），而代号 M 的基本偏差数值随公差等级不同则有三种不同的情况（正值、负值或零值），代号 j、J 及 P～ZC 的基本偏差数值与公差等级有关。

（2）基本偏差代号

基本偏差有大、小写之分，大写的查孔的基本偏差数值表，小写的查轴的基本偏差数值表。查公称尺寸时，对于处于公称尺寸段界限位置上的公称尺寸该属于哪个尺寸段，不要弄错。分清基本偏差是上极限偏差还是下极限偏差。代号 j、k、J、K、M、N、P～ZC 的基本偏差数值与公差等级有关，查表时应根据基本偏差代号和公差等级查表中相应的列。

另一极限偏差的确定：可由极限偏差和标准公差的关系式进行计算。

轴：es = ei + IT 或 ei = es - IT
孔：ES = EI + IT 或 EI = ES - IT

一定要压紧在基准面,再移动尺身,直到尺身的端面接触到工件的量面(台阶面)上,然后用紧固螺钉固定尺框,提起卡尺,读出深度尺寸。多台阶小直径的内孔深度测量,要注意尺身的端面是否在要测量的台阶上,如图1-12所示。

③ 当基准面是曲线时,测量基座的端面必须放在曲线的最高点上,测量出的深度尺寸才是工件的实际尺寸,否则会出现测量误差。

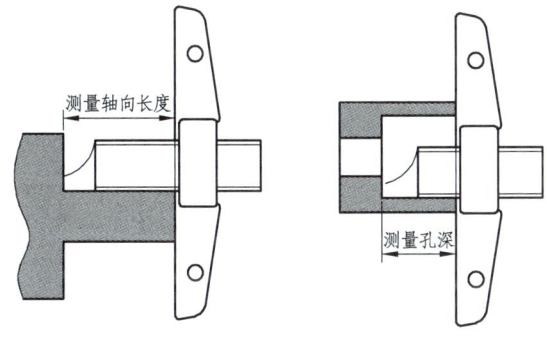

图1-12　深度游标卡尺

视频:深度游标卡尺测量方法

1.2.5　同轴度测量仪

1.2.5.1　同轴度测量仪结构

同轴度测量仪又称为同心度测量仪,是一种精密的检测仪器,主要用于轴类零件、盘类零件的圆度、圆周跳动、径向圆跳动、端面圆跳动的精密检测。

同轴度测量仪的工作原理基于陀螺仪和加速度计的运用(如用于航空器、船舶等领域的设备),但在一般工业应用中,同轴度测量仪主要通过两顶尖定位轴类零件,转动被测零件,测头在被测零件径向方向上直接测量零件的径向跳动误差。

5. 公差带

孔、轴公差带代号由基本偏差代号与公差等级数字组成。例如:孔公差带代号H9、D9、B11、S7、T7,轴公差带代号h6、d8、k6、s6、u6。

公差带代号意义如图1-13所示。

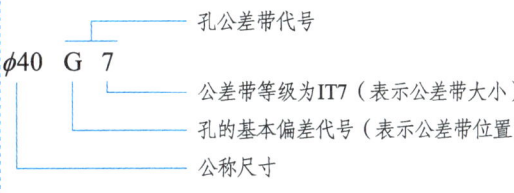

图1-13　公差带代号

只标注公差带代号的方法,如 $\phi 40G7$,适用于大批量的生产要求。

只标注上、下极限偏差数值的方法,如 $\phi 40^{+0.034}_{+0.009}$,适用于单件或小批量的生产要求。

公差带代号与极限偏差值共同标注的方法,如 $\phi 40G7(^{+0.034}_{+0.009})$,适用于批量不定的生产要求。

二、零件同轴度公差

(一)同轴度含义

同轴度是指被测轴线相对于基准轴线的位置变化量,即被测轴线应与基准轴线在同一条直线上,其偏离程度应在规定的公差范围内。它限制了被测轴线相对于基准轴线的平移、倾斜和弯曲等误差,以确保回转体在旋转过程中的平稳性和准确性。同轴度公差是用来控制理论上应同轴的被测轴线与基准轴线的不同轴程度。同轴度符号用"◎"表示。

同轴度测量仪主要由手摇手轮、同步带、顶针、顶针定位螺钉、压轮提升手柄、凹槽平行滚轮、可移动带微调支架、杠杆表、磁力表座构成，如图1-14所示。

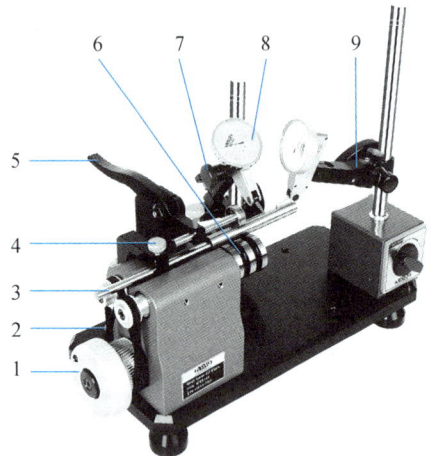

1—手摇手轮；2—同步带；3—顶针；4—顶针定位螺钉；
5—压轮提升手柄；6—凹槽平行滚轮；
7—可移动带微调支架；8—杠杆表；
9—磁力表座。

图1-14 同轴度测量仪

1.2.5.2 同轴度测量仪规格和测量范围

常见的同轴度测量仪测量长度规格有300 mm、500 mm、1000 mm、1500 mm、2000 mm等。

1.2.5.3 同轴度测量仪的使用与保养

1）测量前的准备

① 将同轴度测量仪放置在平稳的工作台上，并通过螺钉进行固定，确保仪器稳定不晃动。

② 检查同轴度测量仪的各部件是否完好，包括顶尖、表架、百分表或杠杆百分表等，确保各部件无损坏或松动。

③ 清理待测零件表面，确保无油污、杂质等，以免影响测量结果。

（二）同轴度公差示例（见表1-5）

表1-5 同轴度公差示例

点的同心度公差	
示例	含义
（图：ϕt圆，基准线）	公差带是直径为公差值ϕt且与基准圆心同心的圆内的区域
（图：$\bigcirc \phi 0.01 \ A$）	外圆的圆心必须位于直径为公差值0.01且与基准圆心同心的圆内

轴线的同轴度公差	
示例	含义
（图：ϕt圆柱，基准轴线）	公差带是直径为公差值ϕt的圆柱面内的区域，该圆柱面的轴线与基准轴线同轴
（图：$\bigcirc \phi 0.015 \ A-B$）	直径ϕ为公差值0.08且与公共基准线$A-B$（公共基准轴线）同轴的圆柱面内

注：同轴度测量一定是回转体零件，比如一个底座上的螺栓孔和沉头孔，由于底座不是回转零件，所以其上的螺栓孔和沉头孔不能应用同轴度。

2）校准仪器

使用标准检验棒和百分表对同轴度测量仪进行精度校验，确保仪器在合格状态下使用。

3）进行测量

① 径向圆跳动的测量：将零件置于同轴度测量仪上。将百分表装在表架上，使表杆通过零件轴心线并大致垂直。在轴向的 3 个截面上进行测量，取最大值作为零件的径向圆跳动误差。

② 端面圆跳动的测量：将杠杆百分表夹持在同轴度测量仪的表架上，缓慢移动表架使测量头与被测端面接触并预压。转动工件一周，记录百分表读数的最大值和最小值，其差值即为端面跳动误差。在被测端面上均匀分布的 3 个直径处测量，取其最大值作为零件的端面圆跳动误差。

4）日常保养

① 使用完毕后，及时关闭同轴度测量仪的灵敏度开关，并用干净的布将仪器包裹起来，防止灰尘和污染。

② 定期检查同轴度测量仪的各部件是否完好，如有损坏或松动应及时修复或调整。

③ 保持测量环境的稳定，避免风、震动等外部干扰因素。

5）清洁与润滑

① 定期清理同轴度测量仪的导轨、顶尖等部件，保持其表面清洁无油污。

② 对同轴度测量仪的滑动部分进行润滑，但注意油厚度不能过厚，以免影响精度。

（三）影响同轴度公差的因素

在国家标准中，同轴度公差带的定义是指直径公差为值 t，且与基准轴线同轴的圆柱面内的区域。它有以下 3 种控制要素：① 轴线与轴线；② 轴线与公共轴线；③ 圆心与圆心。

因此影响同轴度的主要因素有被测元素与基准元素的圆心位置和轴线方向，特别是轴线方向。

【示例】在基准圆柱上测量两个截面圆，用其连线作基准轴。在被测圆柱上也测量两个截面圆，构造一条直线，然后计算同轴度。假设基准上两个截面的距离为 10 mm，基准第一截面与被测圆柱的第一截面的距离为 100 mm，如果基准的第二截面圆的圆心位置与第一截面圆圆心有 5 μm 的测量误差，那么基准轴线延伸到被测圆柱第一截面时已偏离 50 μm，此时，即使被测圆柱与基准完全同轴，其结果也会有 100 μm 的误差（同轴度公差值为直径，50 μm 是半径）。

1.3 轴类零件手工检测模拟演练

1.3.1 测量准备工作

1.3.1.1 检查工具

检查双手、防污物品、工量检具，戴好防护手套，如图1-15所示。

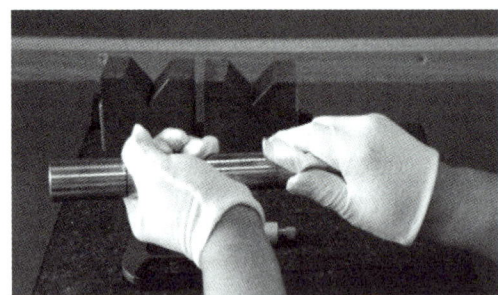

图1-15 准备工作

1.3.1.2 检查游标卡尺

擦净游标卡尺各测量爪，并将两个相对的量爪对齐，检验游标卡尺读数是否为"0"，如图1-16所示。若读数不为"0"且有读数时，记下此时的读数值。在测量时，可用测得的数据减去该读数值得到实际数据。轻轻移动游标，观察其移动是否平稳、无卡顿，并确认锁紧装置有效。

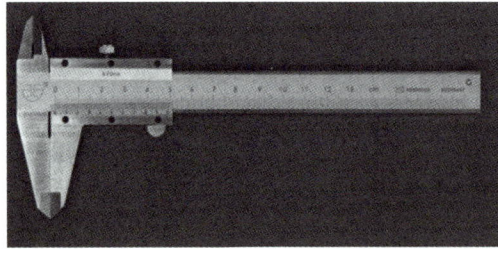
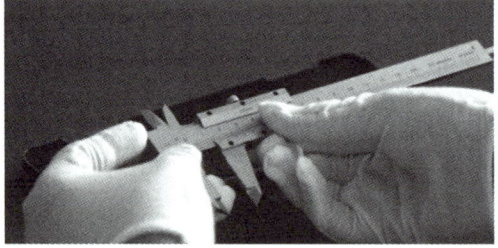

图1-16 检查归"0"

1.3.1.3 检查千分尺

1）检查外观

检查各部位的相互作用，如图1-17所示。用棉丝擦净千分尺各部位表面后，旋转棘轮（螺微旋钮），要求其能轻快而灵活地带动微分筒旋转，测微螺杆移动要平稳，无卡住现象；微分筒与固定套筒之间无摩擦，锁紧住测微螺杆后棘轮能发出"咔咔"声。

2）校对"0"位

测量范围为0～25 mm的千分尺直接校对；测量范围大于25 mm的千分尺用量杆或量块

校对。

如图 1-18 所示，直接校对时擦净两个测量面，旋转微分筒，两个测量面即将接触时轻转棘轮，发出"咔咔"声，微分筒"0"线与固定套筒基线重合，微分筒端面与固定套筒"0"线右边缘相切，此时"0"位正确。

3）调整"0"位

如图 1-19 所示，当"0"位不准时可用专用扳勾插入固定套筒的调整孔内（固定套筒"0"线的背面），扳动固定套筒转过一定角度，使千分尺"0"位对准。

若使用者本人不能调整，应送量具检修部门由专业人员进行调整。也可直接测量，在读数时加修正值。

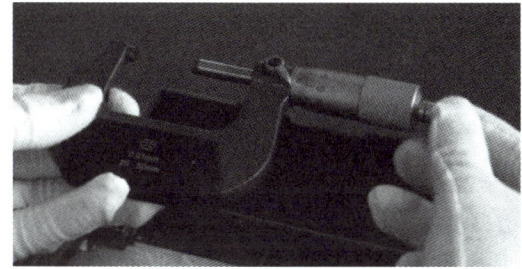
图 1-17 检查外观

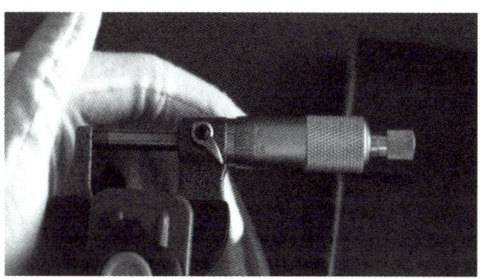
图 1-18 校对"0"位

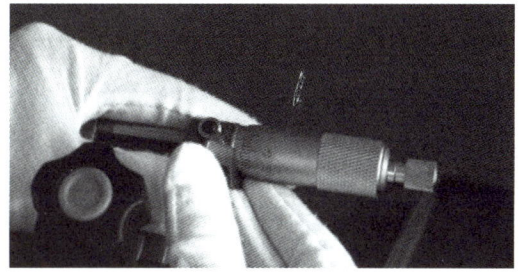
图 1-19 调整"0"位

1.3.1.4 检查同轴度测量仪

1）检查外观

根据被测工件的大小，调节"压轮"的高度，使"压轮"能够以合适的压力压住被测工件。检查主压装置上是否有灰尘或污染物，在必要时用酒精和碎布进行清理，如图 1-20 所示。

2）工件放置

通过"操作手柄"升起"压轮"，将被测工件放置在"旋转工作轴"上。将"压轮"归位，确保工件被稳定地压在旋转工作轴上，如图 1-21 所示。

3）调整测量装置

调节"表架"的高度，并将其移动，使千分表（百分表）测头接触被测工件表面，调整表盘指针归"0"，确保测量基准准确，调节"杠杆表"测头至被测工件合适位置，并使之接触工件表面，再次调整表盘指针归"0"，如图 1-22 所示。

图 1-20　检查外观

图 1-21　放置工件

图 1-22　调整测量装置

1.3.2　同轴度误差演练

1.3.2.1　测量器具

测量器具包括同轴度测量仪、平板、被测件、全棉布数块、防锈油等。

视频：同轴度误差的测量方法

1.3.2.2　测量步骤

① 将准备好的同轴度测量仪放置在平板上，并调整水平。

② 将被测零件基准轮廓要素的中截面（两端圆柱的中间位置）放置在同轴度测量仪滚轮上，如图 1-20 所示。

③ 安装好百分表、调节百分表，使测头与工件被测外表面接触，并有 1~2 圈的压缩量。

④ 缓慢而均匀地转动工件一周，并观察百分表指针的波动，取最大读数 M_{max} 与最小读数 M_{min} 的差值之半，作为该截面的同轴度误差。

⑤ 移动百分表，按上述方法测量 4 个不同截面，取各截面测得的最大读数 M_{max} 与最小读数 M_{min} 差值之半中的最大值（绝对值）作为该零件的同轴度误差。

⑥ 完成检测报告，整理实验器具。

1.3.2.3　数据处理

① 先计算出单个测量截面上的同轴度误差值，即 $\Delta = (M_{max} - M_{min})/2$。

② 取各截面上测得的同轴度误差值中的最大值，作为该零件的同轴度误差。

1.3.2.4 检测报告

按步骤完成测量并将被测件的相关信息及测量结果填入检测报告单（表1-6）中。

表1-6 同轴度误差检测报告单

仪器读数	测量记录和数据处理			
	截面 A—A	截面 B—B	截面 C—C	截面 D—D
	M_{max}	M_{max}	M_{max}	M_{max}
	0.27	0.30	0.29	0.26
	M_{min}	M_{min}	M_{min}	M_{min}
	0.24	0.23	0.26	0.25
$\Delta_i = (M_{i\,max} - M_{i\,min})/2$	0.015	0.035	0.015	0.005
同轴误差 $\Delta = \Delta_{i\,max} = 0.03$ mm	判断合格性：合格			

1.4 实战操作

第一步：制定检测方案，填写表1-7。

表1-7 检测方案

检测卡片		产品型号			零件名称	
		产品名称			零件图号	
工序号	工序名称	检测项目	技术要求	检测手段	检测方案	检测操作要求

第二步：完成测量，并将有关几何尺寸数据填入表1-8中。

表1-8 测量记录表

图纸要求	计量器具	实测数据			平均值	结论
		1	2	3		

第三步：完成测量，并将有关形位公差数据填入表1-9中。

表1-9 同轴度误差检测记录表

仪器读数	测量记录和数据处理			
	截面 $A-A$	截面 $B-B$	截面 $C-C$	截面 $D-D$
	M_{max}	M_{max}	M_{max}	M_{max}
	M_{min}	M_{min}	M_{min}	M_{min}
$\Delta_i = (M_{i\max} - M_{i\min})/2$				
同轴度误差 $\Delta = \Delta_{i\max} =$			判断合格性：	

1.5 思考题

想一想，深度游标卡尺可以怎么用？

知识拓展

一、互换性的概念

一台机器或部件是由很多零件装配在一起所构成的。参观工厂的装配车间时，仔细观察就会发现，工人师傅在装配时，从大批同一规格的零件中任意取出一件，不需再经任何选择和修配，便可直接安装到机器或部件上，并能保证其使用性能。零件具有的这种技术特性称为互换性，具有这种技术特性的零件称为具有互换性的零件。

具有互换性的零部件应同时具备两个基本条件：
（1）同一规格的零部件无需挑选和修配，便可互换和装配。
（2）同一规格的零部件互换和装配后能满足使用要求。

（一）互换性的作用

互换性对大批量产品的设计、制造、装配、使用和维修具有十分重要的意义。具体体现如下：

（1）为产品的标准化、系列化、通用化奠定了基础，从而缩短产品设计和制造周期，利于产品的更新换代，促进新产品的发展。

（2）为大批量产品的生产专业化创造了必要条件，促进了现代自动化生产的发展。

（3）有利于提高产品质量、降低生产成本。

（4）使用和维修方便。综上所述，互换性在提高产品质量、产品可靠性、产品竞争能力和经济效益等方面具有重大意义，目前互换性原则已成为现代制造业中普遍遵守的原则。

（二）互换性的种类

互换性按互换程度和互换范围来划分，可分为完全互换与不完全互换，几何参数互换与功能互换。

（1）完全互换，又称为无限互换，是指零部件在装配或更换时不需选择和修配或调整。

（2）不完全互换，又称为有限互换，是指零部件在装配或更换时不需要修配，但允许有附加选择或调整。

二、加工误差和公差

工件加工时不可能使工件做得绝对正确，总有误差存在，工件的误差可分为：

（1）尺寸误差：工件加工后的实际尺寸和理想尺寸之差。

（2）几何形状误差：

a. 宏观几何形状误差通常指形状误差，一般由机床、刀具、工件所组成的工艺系统的误差造成。例如，孔、轴横截面的形状应是正圆形，如加工后实际形状为椭圆形，这就是形状误差。

b. 微观几何形状误差通常称为表面粗糙度，是指加工后，刀具在工件表面上留下波峰和波长都很微小的波形。

c. 表面波度是介于宏观和微观几何形状误差之间的一种表面形状误差，一般由加工中的振动引起，工件表面形成明显的周期性波形，其波峰和波长比表面粗糙度要大得多。目前这种误差尚无标准。

（3）相互位置误差：一个工件加工后，各表面或中心线之间的实际相互位置与理想位置的差值，如两个表面之间的垂直度、阶梯轴的同轴度等。

公差是允许工件尺寸、几何形状和相互位置变动的范围，用以限制误差。工件的误差在公差范围内，为合格件；超出了公差范围，为不合格件。公差也可以说是允许的最大误差，所以误差是在加工过程中产生的，而公差是由设计人员给定的。

三、线性尺寸的一般公差与标准

（1）零件上的某些低精度的非配合尺寸，在使用功能上无特殊要求时，可采用一般公差，也称为未标注公差。一般公差是在车间普通条件下，设备一般加工能力可保证的公差，代表经济加工精度。它在图样上不单独标注，而是在图样上、技术文件或技术标准中做出总的说明。

国家标准《一般公差 未注公差的线性和角度尺寸的公差》（GB/T 1804—2000）规定：采用一般公差时，只标注公称尺寸，不标注极限偏差，但应在图样的技术要求或技术文件中，用国家标准号或公差等级符号做出说明。

（2）一般公差标准。国家标准《一般公差 未注公差的线性和角度尺寸的公差》（GB/T 1804—2000）中对线性尺寸的一般公差规定了4个公差等级，即精密 f、中等 m、粗糙 c 和最粗 v。线性尺寸的极限偏差数值见表1-10。

表1-10 线性尺寸的极限偏差数值

公差等级	尺寸分段					
	0.5~3	>3~6	>6~30	>30~120	>120~400	>400~1000
精密（f）	±0.05	±0.05	±0.1	±0.15	±0.2	±0.3
中等（m）	±0.1	±0.1	±0.2	±0.3	±0.5	±0.8
粗糙（c）	±0.2	±0.3	±0.5	±0.8	±1.2	±2
最粗（v）	—	±0.5	±1	±1.5	±2.5	±4

四、技术测量基础

（一）测量

在机械制造业中，测量技术主要是指针对零件的几何量进行测量和检验，以确定几何精度是否满足设计所规定的要求的技术。

（1）测量：将被测量与体现测量单位（也称计量单位，简称单位）的标准量进行比较的过程。

（2）量值：任何几何量的量值都由两部分组成：表征几何量的数值和该几何量的测量单位。

（3）检验：检验是判断被测几何量是否在规定的极限范围内，从而判断其是否合格的实验过程。检验通常是用量规、样板等专用定量无刻度量具来判断被检对象的合格性，它不能测出被测量的具体数值。检验在大批量生产中得到广泛应用。

（二）计量单位

（1）计量：计量是指单位统一、使量值准确可靠的活动。

（2）检测：测量和检验统称为检测。

（3）计量学：测量及其应用的科学统称为计量学。

在机械制造业中所说的技术测量，主要指几何参数的测量，包括角度、表面粗糙度、几何误差等的测量，长度计量单位如表1-11所示。

表1-11　长度计量单位

单位名称	符号	单位为1折算为毫米的数值	单位名称	符号	单位为1折算为毫米的数值
米	m	1000	毫米	mm	1
分米	dm	100	忽米	cmm	0.01
厘米	cm	10	微米	μm	0.001

技术练兵

一、填空题

1. 游标卡尺按测量精度分为_____mm、_____mm 和_____mm 三种。

2. 千分尺的主要组成部分包括尺架、_____、_____、_____、_____、_____和_____等。

3. 深度游标卡尺用于测量_____或_____的深度、_____高度等尺寸。

4. 同轴度测量仪的工作原理基于_____和_____的运用。

5. 互换性按互换程度和互换范围可分为_____与_____，几何参数互换与功能互换。

6. 加工误差包括_____和_____误差。

7. 国家标准《一般公差　未注公差的线性和角度尺寸的公差》（GB/T 1804—2000）对线性尺寸的一般公差规定了4个公差等级，即_____、_____、_____、_____和_____。

8. 测量是将被测量与体现_____的标准量进行比较的过程。

9. 极限偏差分为_____和_____。

10. 孔、轴公差带代号由_____与_____数字组成。

二、选择题

1. 游标卡尺的测量范围一般不包括（　　）。
   A. 0~150 mm　　B. 0~500 mm　　C. 0~1 000 mm　　D. 0~5 000 mm

2. 千分尺测量时，微分筒移动1格，测微螺杆沿轴线方向移动（　　）。
   A. 0.01 mm　　B. 0.02 mm　　C. 0.1 mm　　D. 0.5 mm

3. 深度游标卡尺的精度常见的不包括（　　）。
   A. 0.01 mm　　B. 0.02 mm　　C. 0.1 mm　　D. 0.5 mm

4. 同轴度测量仪测量前，需将其放置在（　　）工作台上并固定。
   A. 倾斜　　B. 平稳　　C. 振动　　D. 任意

5. 以下不属于互换性的基本条件的是（　　）。
   A. 同一规格的零部件无需挑选和修配，便可互换和装配
   B. 同一规格的零部件互换和装配后能满足使用要求
   C. 零件具有相同的材料和颜色
   D. 零件具有相同的形状和尺寸

6. 尺寸公差是指（　　）。
   A. 上极限尺寸与下极限尺寸之差　　B. 实际尺寸与公称尺寸之差
   C. 允许尺寸的变动量　　D. 最大极限尺寸与最小极限尺寸之和

7. 一般公差在图样上（　　）。
   A. 单独标注极限偏差
   B. 标注公称尺寸和极限偏差
   C. 只标注公称尺寸，不标注极限偏差，但需说明
   D. 不做任何标注

8. 公差带图中，零线以上为（　　）偏差。
   A. 正　　B. 负　　C. 零　　D. 不确定

9. 基本偏差代号大写表示（　　）的基本偏差。
   A. 孔　　B. 轴　　C. 都可以　　D. 不确定

10. 测量技术主要针对零件的（　　）进行测量和检验。
    A. 物理性能　　B. 化学性能　　C. 几何量　　D. 机械性能

三、判断题

1. 游标卡尺可用于高精度零件的测量。　（　　）
2. 千分尺使用前必须检查零位是否校准。　（　　）
3. 深度游标卡尺测量时，测量基座的端面不一定要接触工件基准面。　（　　）
4. 同轴度测量仪校准后无需再检查各部件是否完好。　（　　）
5. 互换性对产品质量没有影响。　（　　）
6. 加工误差中的几何形状误差包括表面粗糙度和表面波度。　（　　）
7. 一般公差等级中最粗（v）的精度高于粗糙（c）。　（　　）
8. 公差带的大小由基本偏差确定。　（　　）
9. 孔和轴同字母的基本偏差相对零线基本呈对称分布。　（　　）
10. 检验可以判断被测几何量是否在规定的极限范围内，但不能测出具体数值。（　　）

四、简答题

1. 简述游标卡尺的使用与保养注意事项。

2. 千分尺的读数原理是什么?

3. 深度游标卡尺的规格和测量范围有哪些?

4. 同轴度测量仪的测量步骤有哪些?

5. 互换性的作用主要体现在哪些方面?

6. 加工误差中的尺寸误差是如何产生的?

7. 一般公差标准中不同公差等级的线性尺寸极限偏差数值有何特点?

8. 测量、计量、检测三者之间的关系是什么?

9. 极限偏差和实际偏差在数值上可能相等吗?请举例说明。

10. 如何根据基本偏差代号和公差等级确定孔、轴的极限偏差数值?

学习任务二　套类零件检测

【学习目标】

- 能独立领取、阅读及核对检测任务通知单内容，明确检测任务。
- 能根据检测图纸要求，完成套类样品图纸的分析，选取和校验量具。
- 能依据工量具使用规范，完成零件几何尺寸、圆跳动公差、端面圆跳动公差和垂直度公差基本参数检测。
- 能完成检测数据结果的整理及归纳汇总，规范填写尺寸检测报告。
- 能按照工量具和检测仪器的保养要求，完成百分表、磁力表座、内径百分表和偏摆仪等量仪常规维护保养。
- 能依据现场管理规范，完成工作现场的清理整顿，达到现场管理要求。

【考核要点】

根据套类零件检测图样，使用普通量具，以手工检测方式完成检测表中标注尺寸的检测，并输出尺寸检测报告。

【建议学时】

18 学时。

【工作流程】

 →  →  →

接受任务 —— 检测前准备 —— 零件检测 —— 尺寸评价

接受任务	检测前准备	零件检测	尺寸评价
1. 正确领取、阅读、核对检测任务通知单。 2. 分析样品检测图纸。 3. 与质量经理进行有效沟通，明确零件检测项目要求。	1. 依据企业实际检测条件，制定检测工艺方案。 2. 正确阅读作业指导书，确认检测标准。 3. 根据零件特征，正确选择、校验检测器具。	1. 规范、熟练使用工量器具，完成零件尺寸、公差检测。 2. 记录检测数据。 3. 正确对工量具进行保养、检查和收纳。	1. 对检测数据结果进行归纳汇总。 2. 分析并解决质量分析过程中的问题。 3. 按照工作要求，完成质量分析。

学习任务二 工 单						
零件名称		工时		18学时	班组	
检验员						
责任部门		检测中心编码			日期	
量具、量仪						
学习任务						
任务目标						

知识与技能	
实施过程	
尺寸评价	

成绩评定		
组内互评成绩	A（　　）、B（　　）、C（　　）	教师评定成绩 （A、B、C 三等）
本人评定成绩	A（　　）、B（　　）、C（　　）	

2.1 检测任务描述

为了保证外协零件的入库质量控制，需要对导套几何尺寸、圆跳动公差、端面圆跳动公差、垂直度公差进行检测，以确保后期装配工作的顺利进行。现有一家机械设备公司因生产需要，外协了一批导套零件，共 600 件，要求学院根据报检通知要求，按照抽样检测标准进行产品入厂检测工作，对照图纸（见图 2-1）及技术要求使用游标卡尺、千分尺、内径百分表和百分表等工量具分别对导套几何尺寸、圆跳动公差、端面圆跳动公差和垂直度公差进行检测（见表 2-1）。按照零件类型差异，此任务属于套类零件的检测。该项工作由教师下达工作任务，要求学生独立完成检测。

表 2-1 检测项目

序号	尺寸描述		公差	上极限尺寸	下极限尺寸
1	外径	$\phi 47_{-0.068}^{-0.010}$	0.058	46.99	46.932
2	外径	$\phi 41_{-0.041}^{+0.000}$	0.041	41	40.959
3	外径	$\phi 37_{-0.041}^{0}$	0.041	37	36.959
4	内径	$\phi 32_{+0.010}^{+0.060}$	0.05	32.06	32.01
5	内径	$\phi 22_{-0.010}^{+0.021}$	0.031	22.021	21.99
6	长度	$40_{-0.1}^{+0.1}$	0.2	40.1	39.9
7	径向圆跳动	—	0.1	—	—
8	轴向圆跳动	—	0.1	—	—
9	垂直度	—	0.02	—	—
10	平行度	—	0.025	—	—

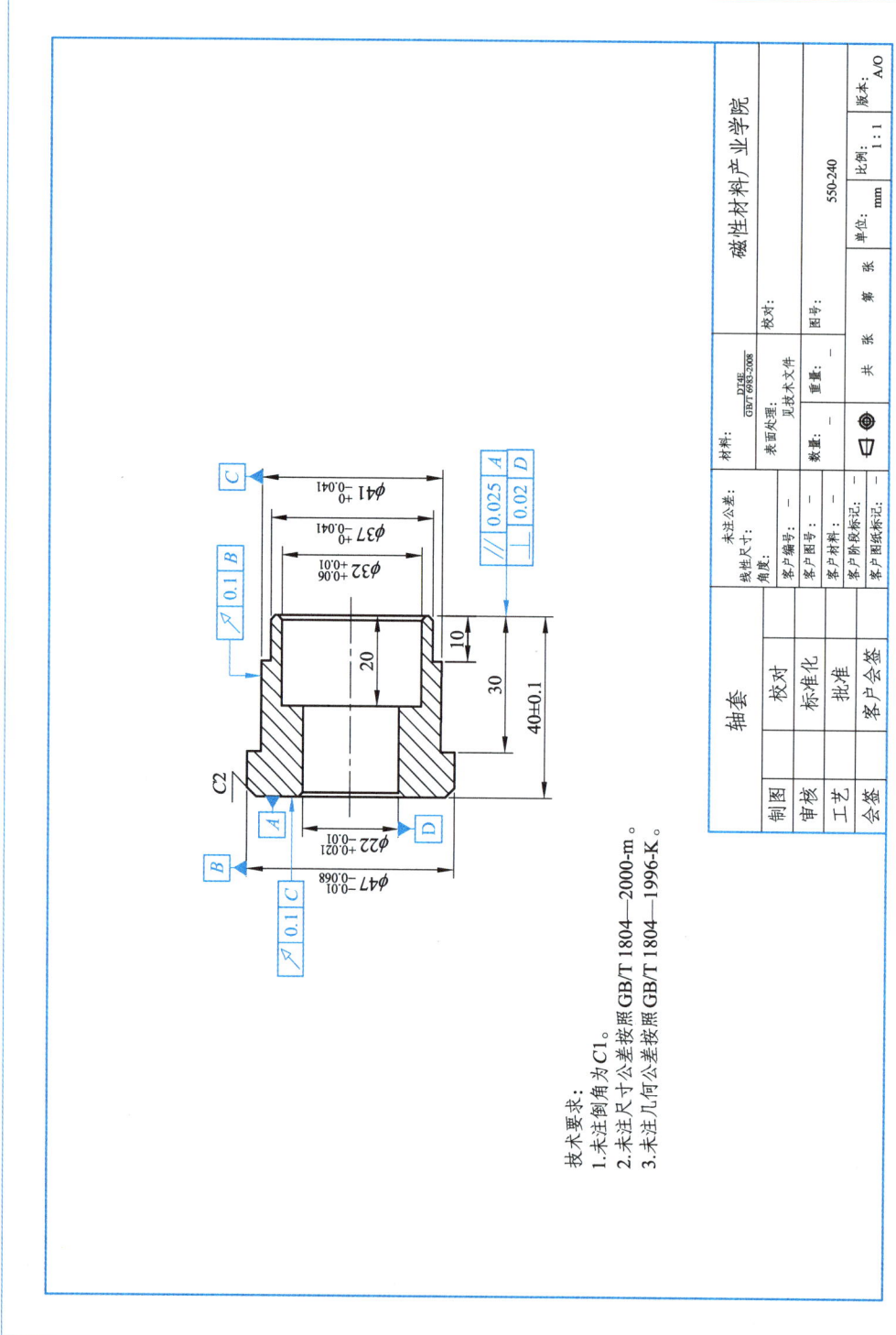

图 2-1 任务二零件图纸

2.2 量具配置准备

2.2.1 量具配置清单（见表2-2）

表2-2 量具配置清单

名称	规格	数量
游标卡尺	0～150 mm / 0.02 mm	1把
千分尺	0～25 mm / 0.01 mm	1把
深度尺	0～150 mm / 0.02 mm	1把
百分表	0.02 mm	1个
磁力表座	CZ-6A	1个
内径百分表	18 mm～35 mm	1套
偏摆仪	LP-130	1台
检测台	300 mm × 400 mm	1台

2.2.2 百分表

2.2.2.1 百分表结构

百分表是一种利用精密齿条齿轮机构制成的表式通用长度测量工具，其结构相对简单但精度较高。主要用于测量形状和位置误差。百分表主要由测头、测量杆、防震弹簧、齿条和齿轮、游丝和圆表盘及指针等组成，如图2-2所示。

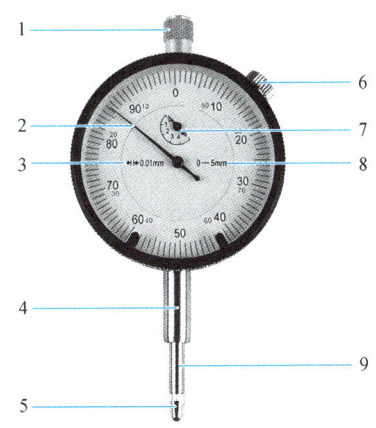

1—提杆；2—指针；3—精度；4—固定杆；5—合金测头；
6—限制螺钉；7—内表盘；8—量程；9—测杆。

图2-2 百分表

知识搜索

一、形位公差术语

（一）定义

（1）基本概念：形位公差包括形状公差和位置公差两部分。形状公差是指单一实际要素的形状所允许的变动全量，如直线度、平面度、圆度等；位置公差则是指关联实际要素的位置对基准所允许的变动全量，如同轴度、对称度、位置度等。

（2）控制要素：形位公差通过限制零件的实际形状和位置与理想形状和位置的偏差量，来确保零件的精度和互换性。

（二）零件的几何要素及分类

1. 按几何结构特征分类

轮廓要素：构成零件轮廓的可直接触及的点、线、面。如图2-3所示的圆锥顶点、素线、圆柱面、圆锥面、端平面、球面等。

中心要素：不可触及的，轮廓要素对称中心所示的点、线、面。如图2-3所示的球心、轴线等。

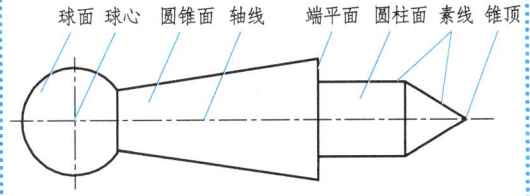

图2-3 几何要素

2. 按存在状态分类

理想要素：具有几何学意义，没有任何误差的要素，设计时在图样上表示的要素均为理想要素。

实际要素：零件在加工后实际存在，有误差的要素。它通常由测得要素来代替。

2.2.2.2 百分表规格和测量范围

百分表按圆刻度盘上的分度值通常为 0.01 mm，测量范围一般为 0～3 mm、0～5 mm、0～10 mm、0～50 mm、0～100 mm。

2.2.2.3 百分表读数原理

精度值为 0.01 mm 的百分表，内表盘每小格为 1 mm，外表盘圆刻度盘上分度为 100 格，外表盘指针旋转一圈为 1 mm，每格为 1/100=0.01 mm，百分表的读数为内表盘小指针的读数值与外表盘大指针的读数值之和。

2.2.2.4 百分表读数方法

第一步：读内表盘，在内表盘读出小指针所指的数值区间。

第二步：读外表盘，在外表盘读出大指针所指向对齐的圆刻度盘上分度线。

第三步：求和，将内表盘和外表盘读数相加，如图 2-4 所示，图中显示读数值为 2×1+44×0.01=2.44。

图 2-4　百分表读数示例

2.2.2.5 百分表的使用与保养

① 使用前先擦净测量杆，检查百分表的测量杆活动灵活，无轧卡现象，且每次放松后指针能回复到原刻度位置。然后检查大指针、小指针是否对齐"0"位，若未对齐，应再进行对"0"位。

二、形位公差分类

为控制机器零件的形位误差，提高机器的精度和延长使用寿命，保证互换性生产，国家标准 GB/T 1182—2018 规定了 14 项形位公差项目。其项目的名称和符号如表 2-3 所示。

表 2-3　形位公差特征项目和符号

公差		特征	符号	基准
形状		直线度	——	无
		平面度	▱	无
		圆度	○	无
		圆柱度	⌭	无
轮廓		线轮廓度	⌒	有或无
		面轮廓度	⌓	有或无
位置	定向	平行度	∥	有
		垂直度	⊥	有
		倾斜度	∠	有
	定位	位置度	⊕	有
		同轴度	◎	有
		对称度	⌯	有
	跳动	圆跳动	↗	有
		全跳动	↗↗	有

② 测量时，将百分表固定在可靠的夹持架上，并确保夹持架安放平稳。调整百分表的"0"位，通过转动表盘或使用调零装置来对准"0"位。将百分表的测量杆与被测物体表面接触，注意测量杆必须垂直于被测量表面，以保证测量结果的准确性。轻轻推动测量杆，观察表针的转动情况，读取并记录测量结果。读数时，先读小指针转过的刻度线，再读大指针转过的刻度线，两者相加得到最终测量结果。

③ 在使用和储存过程中，应轻拿轻放，避免百分表受到碰撞或摔落，以防刻度盘和指针损坏或偏移。

④ 储存时避免将其放置在受压的地方，以免刻度盘和指针受损。

⑤ 对于机械百分表，应定期给机械零部件滴油，以保持其正常运作。可以滴几滴机械油到机械部件上，但不要过量。

2.2.3　磁力表座

2.2.3.1　磁力表座结构

磁力表座是利用磁力吸附原理，通过内置的永久磁铁或恒磁磁铁产生磁场，表座固定在带磁性基座上。将测量仪器（如百分表、千分表、杠杆表等）牢固地固定在磁力表座支架上，用于测量平面度、圆度、直线度等。磁力表座主要由固表螺丝、上加持装置、主杆、副杆、锁定手柄、磁性底座和磁性开关等组成，如图 2-7 所示。

2.2.3.2　磁力表座分类和规格

磁力表座主要根据功能、设计和用途进行分类，同时也有不同的规格参数，分为普通型、万向型、微调型。

三、形位公差标注

按形位公差国家标准的规定，在图样上标注形位公差时，应采用代号标注。无法采用代号标注时，允许在技术条件中用文字加以说明。形位公差项目的符号、框格、指引线、公差数值、基准符号以及其他有关符号构成了形位公差的代号。

（一）形位公差框格

（1）无基准要求的形状公差，公差框格仅两格；有基准要求的位置公差，公差框格为三格至五格（见图 2-5、图 2-6）。

（2）形位公差框格在图样上一般为水平放置，必要时也可垂直放置（逆时针转）。

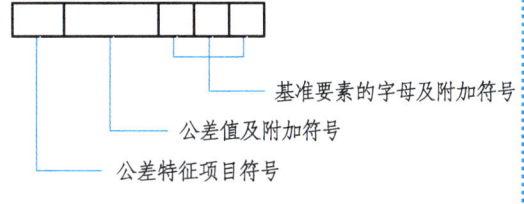

图 2-5　形位公差框格

—	0.08	直线度公差为 0.08 mm
⌓	0.1	平面度公差为 0.1 mm
⌭	0.06	圆柱度公差为 0.06 mm
⊥	0.04 A	垂直度公差为 0.04 mm
↗	0.04 B	圆跳动公差为 0.04 mm

图 2-6　形位公差标注示例

（二）被测要素的标注

（1）形位公差框格通过用带箭头的指引线与被测要素相连。被测要素是轮廓要素时，箭头置于要素的轮廓线或轮廓线的延长线上（见图 2-8）。

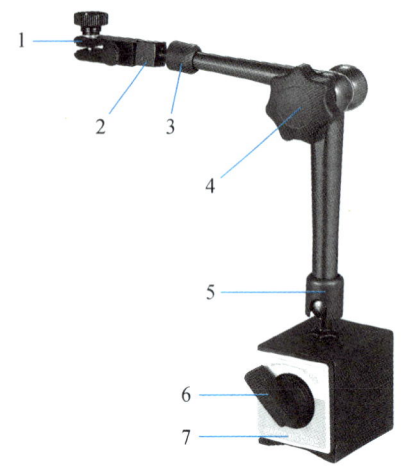

1—固表螺丝；2—上加持装置；3—副杆；4—锁定手柄；
5—主杠；6—磁性开关；7—磁性底座。

图 2-7　磁力表座

2.2.3.3　磁力表座的使用与保养

① 安装百分表：将百分表的轴颈插入表架横杆上的颈箍中，并确保轴颈插入相应的孔里。使用螺栓固定百分表，注意不要夹得太紧，以免影响测杆的正常移动。

② 接通磁路：通过顺时针旋转磁体开关至限位处，使磁性表座与被吸附面牢牢吸住。这一步骤确保了表座在测量过程中的稳定性。

③ 初步调节：旋松连接杆上的螺栓，通过移动连接杆来调节表的位置，以便进行后续的测量。将测杆顶住测点，使测杆与测面保持垂直，以确保测量的准确性。

④ 微调：使用微调螺栓对仪表进行微调，以达到精确的测量位置。

⑤ 定期清除磁力表座外表的灰尘、油污、铁屑等杂物，保持其表面清洁，可以使用干净的软布或压缩空气进行清洁。

⑥ 检查磁力表座的夹紧机构是否牢固，螺钉是否松动或磨损，如有需要及时紧固或更换。

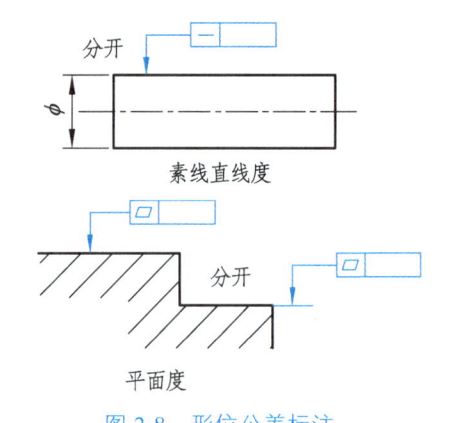

图 2-8　形位公差标注

（2）被测要素是中心要素时，带箭头的指引线应与尺寸线的延长线对齐（见图 2-9）。

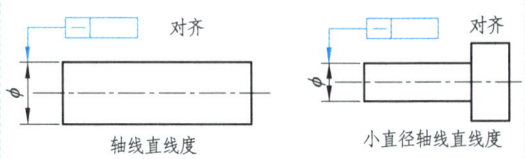

图 2-9　形位公差标注

四、垂直度公差

（一）垂直度公差含义

垂直度是评价直线之间、平面之间或直线与平面之间的垂直状态，其中一个直线或平面是评价基准，而直线可以是被测样品的直线部分或直线运动轨迹，平面可以是被测样品的平面部分或运动轨迹形成的平面。垂直度是需要被控制其垂直度的要素，可以是零件的表面、轴线等。例如，在一个长方体零件中，一个侧面的垂直度可能需要被检测，这个侧面就是被测要素。垂直度也是用来确定被测要素方向或位置的要素。继续以长方体零件为例，如果要检测一个侧面相对于底面的垂直度，底面就是基准要素。

⑦ 对于需要润滑的运动部件，如轴承或活动接头，应定期添加适量的润滑剂，如锂基润滑脂，避免使用过多或油腻的润滑剂。

2.2.4 内径百分表

2.2.4.1 内径百分表结构

内径百分表又称为量缸表，是一种精密量具，专门用于测量内孔的尺寸及其形状误差。测表通常包括一个百分表主体和一个可伸缩或可更换的量杆（或称为测头），量杆可以根据被测孔径的大小进行调整。主要由百分表、锁紧螺母、隔热手柄、加长测量杆、弹簧钢测头和可换测头等组成，如图 2-10 所示。

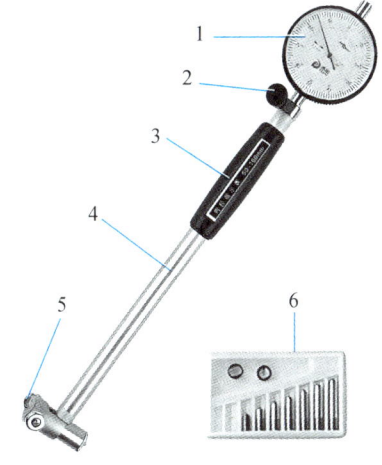

1—百分表；2—锁紧螺母；3—隔热手柄；4—加长测量杆；
5—弹簧钢测头；6—可换测头。

图 2-10 内径百分表

2.2.4.2 内径百分表规格和测量范围

分度值：内径百分表的分度值通常表示为测量精度，即指针每移动一定距离所代表的长度值。常见的分度值有 0.01 mm（即百分表）和更小的 0.001 mm（即千分表），分度值越小，表示测量精度越高。

（二）垂直度公差示例（见表 2-4）

表 2-4 垂直度公差示例

示例	含义
线对线垂直度公差	
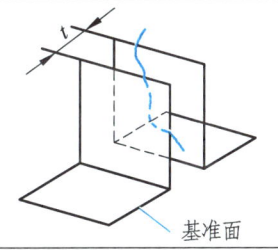	公差带是距离为公差值 t 且垂直于基准线的两平行平面之间的区域
线对面垂直度公差	
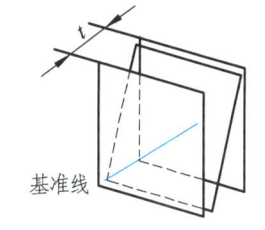	在给定方向上，公差带是距离为公差值 t 且垂直于基准面的两平行平面之间的区域
面对线垂直度公差	
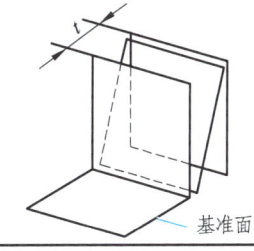	公差带是距离为公差值 t 且垂直于基准线的两平行平面之间的区域
面对面垂直度公差	
	公差带是距离为公差值 t 且垂直于基准面的两平行平面之间的区域

（三）影响垂直度公差的因素

（1）具体设计要求：不同的产品，其设计要求和功能需求不同，这直接影响到垂直度的公差设定。

测量范围：内径百分表的测量范围是指其能够测量的孔径尺寸范围。常见的测量范围包括 10～18 mm、18～35 mm、35～50 mm、50～100 mm、100～160 mm、160～250 mm，以及更大的范围如 250～450 mm 等。

2.2.4.3 内径百分表读数原理

精度值为 0.01 mm 的内径百分表，内表盘每小格为 1 mm，外表盘圆刻度盘上分度为 100 格，外表盘指针旋转一圈为 1 mm，每格为 1/100 = 0.01 mm，百分表的读数为内表盘小指针的读数值与外表盘大指针的读数值之和，如图 2-11 所示。图中百分表显示读数值为 2×1+44×0.01=2.44。

图 2-11 读数示例

2.2.4.4 内径百分表读数方法

第一步：读内表盘，在内表盘读出小指针所指的数值区间。

第二步：读外表盘，在外表盘读出大指针所指向对齐的圆刻度盘上分度线。

第三步：求和，将内表盘和外表盘读数相加。

2.2.4.5 内径百分表的使用与保养

① 选择并安装测头：根据被测孔径的大

例如，在机械制造领域，对于机械零件的垂直度要求可能非常严格，以确保产品的整体性能和精度。

（2）材料特性：不同材料的物理和化学性质会影响其在加工和使用过程中的变形和稳定性，进而影响垂直度的保持。因此，在确定垂直度公差时，需要考虑材料的这些特性。

（3）加工方法和精度：制造工艺的先进性和加工精度的控制水平会直接影响到产品的垂直度。例如，采用高精度的加工设备和工艺可以减小加工误差，提高垂直度的精度。

（4）测量设备和技术：垂直度的评估通常依赖于精密的测量设备和技术。测量结果的准确性直接决定了垂直度公差的合理性。因此，需要使用合适的测量工具和方法，对产品的垂直度进行准确测量和评估。

（四）垂直度公差示例（见表 2-5）

表 2-5 垂直度公差示例

示例	解析
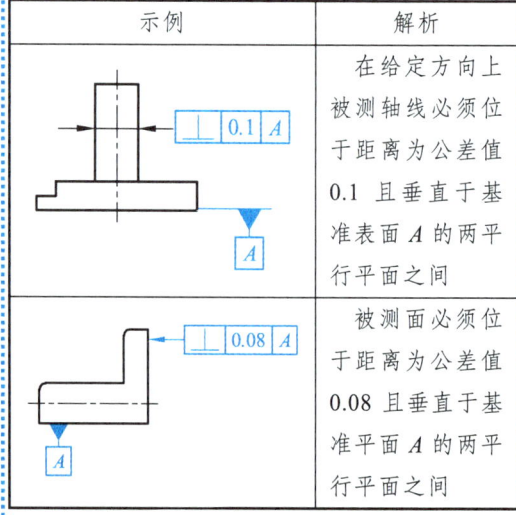	在给定方向上被测轴线必须位于距离为公差值 0.1 且垂直于基准表面 A 的两平行平面之间
	被测面必须位于距离为公差值 0.08 且垂直于基准平面 A 的两平行平面之间

五、圆跳动公差

（一）圆跳动公差含义

圆跳动公差是指关联实际被测要素相对于理想圆所允许的变动全量，其理想圆的圆

小，选择合适的测头，并紧固安装。

②校准与调"0"：使用已知尺寸的环规或平行平面（如千分尺）调整"0"位。

③将内径百分表的测头放入环规或千分尺内，调整表圈上的误差指示拨片，使指针正好对准"0"刻线。

④反复测量同一位置2~3次，确认指针与"0"刻线对齐无误。

⑤插入内径百分表：将内径百分表插入被测孔径中，确保测头与被测表面接触良好。

⑥摆动内径百分表：轻轻摆动内径百分表，找到轴向平面的最小尺寸（即转折点），此时指针的读数即为被测孔径的直径。

⑦多次测量取平均值：在不同位置进行多次测量，取平均值以提高测量结果的准确性。

⑧定期清洁：定期对内径百分表的表面和测头进行清洁，保持其光洁度。

视频：内径百分表测量方法

2.2.5 V形块

2.2.5.1 V形块的结构

V形块也称为V型架，是一种用于支撑和夹持工件的制造工具，通常由金属或塑料制成，因其V字形的槽口设计而得名。

该槽口能够稳定地支撑轴类零件或其他工件，确保在加工、测量或检测过程中的精度和稳定性（见图2-12）。

心在基准轴线上。测量时实际被测要素绕基准轴线回转一周，指示表测量头无轴向移动。根据允许变动的方向，圆跳动公差可分为径向圆跳动公差、端面圆跳动公差和斜向圆跳动公差三种。

（二）圆跳动公差示例（见表2-6）

表2-6 圆跳动公差示例

示例	含义
径向圆跳动公差	
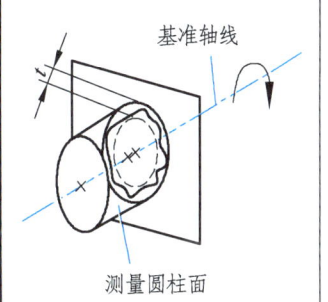 测量平面	公差带是在垂直于基准轴线的任一测量平面内、半径差为公差值t且圆心在基准轴线上的两同心圆之间的区域
端面圆跳动公差	
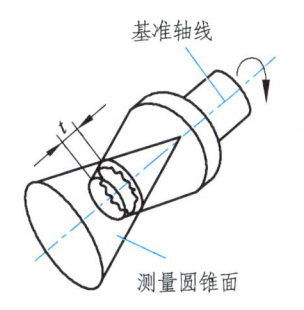 测量圆柱面	公差带是在与基准同轴的任一半径位置的测量圆柱面上距离为t的两圆之间的区域
斜向圆跳动公差	
测量圆锥面	公差带是在与基准同轴的任一测量圆锥面上距离为t的两圆之间的区域

图 2-12　V 形块

2.2.5.2　V 形块的作用

① 稳定支撑：V 形块通过其 V 字形的槽口设计，为轴类零件或其他圆柱形工件提供了稳定的支撑。

② 精确定位：V 形块能够确保工件在加工或测量过程中的精确定位。

③ 提高加工精度：在机械加工过程中，使用 V 形块可以显著提高加工精度。

④ 便于测量与检测：V 形块还常用于工件的测量与检测过程中。

⑤ 保护工件：V 形块的设计还可以在一定程度上保护工件免受损伤。

⑥ 多功能性：V 形块具有多种规格和型号，可以满足不同工件和加工需求。

⑦ 提高生产效率：使用 V 形块可以简化工件的装夹过程，提高生产效率。

2.2.5.3　V 形块的使用

① 放置工件：将工件轻轻放置在 V 形块的 V 形槽中，确保工件定位表面与 V 形面相切，并均匀受力。对于较长的工件，可能需要使用两个或多个 V 形块进行装夹。

② 调整位置：根据加工或测量的需要，调整工件在 V 形块上的位置。对于需要找正中心的工件，可以使用百分表等工具进行精确调整。

③ 工件：对于需要加工的工件，应使用合适的夹具（如压板、螺栓等）将其牢固地夹

（三）影响圆跳动公差的因素

（1）圆度误差。圆跳动公差中包含了圆度误差的影响。当被测表面不是一个完美的圆时，其在实际旋转过程中会产生相对于基准轴线的变动，这种变动会直接影响到圆跳动公差的测量结果。

（2）同轴度误差。同轴度误差是指被测表面轴线与基准轴线之间的偏移。这种偏移会导致在旋转过程中，被测表面与基准轴线之间的距离发生变化，从而影响圆跳动公差的测量结果。

（3）垂直度或平面度误差。这些误差也会间接影响圆跳动公差。例如，当被测表面与基准平面之间存在垂直度误差时，旋转过程中被测表面可能会产生倾斜，导致圆跳动公差的增加。

（4）加工机床精度。机床的主轴回转精度、导轨直线度等直接影响加工零件的圆跳动公差。例如，车床主轴的径向跳动过大，会导致加工出的轴类零件产生较大的径向圆跳动误差；铣床工作台的导轨直线度不好，在加工平面时会使零件的端面圆跳动超差。

（四）圆跳动公差示例（见表 2-7）

表 2-7　圆跳动公差示例

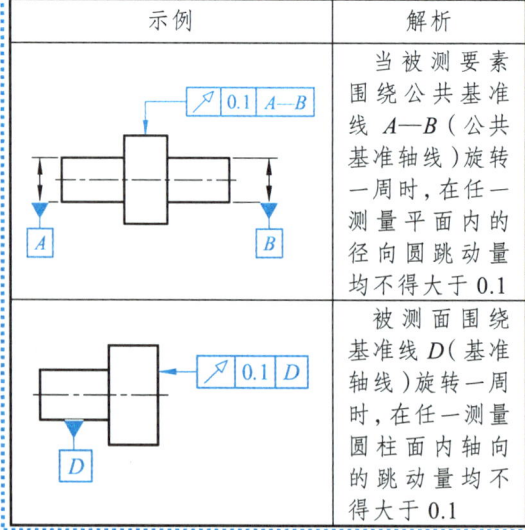

示例	解析
	当被测要素围绕公共基准线 A—B（公共基准轴线）旋转一周时，在任一测量平面内的径向圆跳动量均不得大于 0.1
	被测面围绕基准线 D（基准轴线）旋转一周时，在任一测量圆柱面内轴向的跳动量均不得大于 0.1

紧在 V 形块上,以防止在加工过程中发生移动或振动。

2.2.5.4 V 形块的维护和保养

① 轻拿轻放:在使用 V 形块时,应轻拿轻放,避免与硬物或重物发生碰撞,以免造成表面划伤或凹坑,影响其精度和美观。

② 清洁保养:定期清洁 V 形块的工作面和工件的定位表面,去除切屑、油污等杂质。

③ 防锈处理:对于金属材质的 V 形块,应定期进行防锈处理,涂抹适量的防锈油或防锈剂,以防止生锈和腐蚀。

④ 润滑保养:对于需要润滑的 V 形块(如某些特殊设计的 V 形块),应定期涂抹适量的润滑油或润滑脂,以减少摩擦和磨损。

六、全跳动公差

(一)全跳动公差含义

全跳动公差是指关联实际被测要素相对于理想回转面所允许的变动全量。当理想回转面是以基准轴线为轴线的圆柱面时,称为径向全跳动;当理想回转面是与基准轴线垂直的平面时,称为端面全跳动。

(二)全跳动公差示例(见表 2-8)

表 2-8 全跳动公差示例

示例	含义
径向全跳动公差	
(图:基准轴线,圆柱面示意)	公带差是半径为公差值 t 且与基准同轴的两圆柱面之间的区域
端面全跳动公差	
(图:基准轴线,端面示意)	公差带是距离为公差值 t 且与基准垂直的两平行平面之间的区域

（三）影响全跳动公差的因（见表 2-9）

（1）基准轴线的确定：全跳动是表面或贴切平面的所有元素相对于基准轴线或由基准参照系建立的转动轴线的波动为零的状态。因此，基准轴线的确定和准确性对全跳动公差有直接影响。

（2）基准参照系的建立：基准参照系的稳定性和精度也是影响全跳动公差的关键因素。

（3）形状误差：被测要素的形状误差，如圆度、圆柱度等，会直接影响全跳动公差。形状误差越大，全跳动公差越难控制。

（4）位置误差：被测要素的位置误差，如同轴度、垂直度等，也会影响全跳动公差。位置误差的存在会导致被测要素在回转过程中产生不必要的波动。

（四）全跳动公差示例

表 2-9 全跳动公差示例

示例	解析
◎ ⌀0.08 A—B	被测要素绕公共基准线 A—B 做若干次旋转，并在测量仪器与工件同时做轴向的相对移动时，被测要素上各点间的示值差均不得大于 0.1。测量仪器或工件必须沿着基准轴线方向并相对于公共基准轴线 A—B 移动
⌅ 0.06 A	被测要素围绕基准轴线 D 做若干次旋转，并在测量仪器与工件间做径向相对移动时，被测要素上各点间的示值差均不得大于 0.1。测量仪器或工件必须沿着轮廓具有理想正确形状的线和相对于基准轴线 D 的正确方向移动

2.3 套类零件手工检测模拟演练

2.3.1 测量准备工作

2.3.1.1 检查工具

检查双手、防污物品、工量检具，戴好防护手套，如图 2-13 所示。

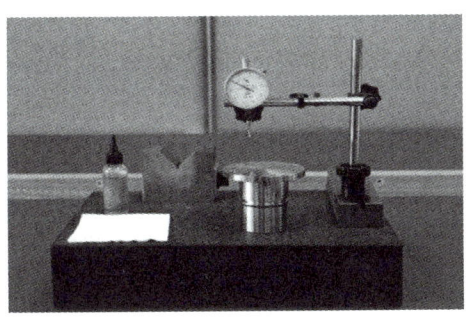 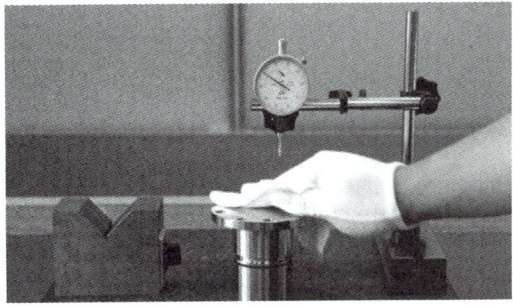

图 2-13　准备工作

2.3.1.2　检查游标卡尺

擦净游标卡尺各测量爪，并将两个相对的量爪对齐，检验游标卡尺读数是否为"0"，如图 2-14 所示。若读数不为"0"且有读数时，记下此时的读数值。在测量时，可用测得的数据减去该读数值得到实际数据。轻轻移动游标，观察其移动是否平稳、无卡顿，并确认锁紧装置有效。

 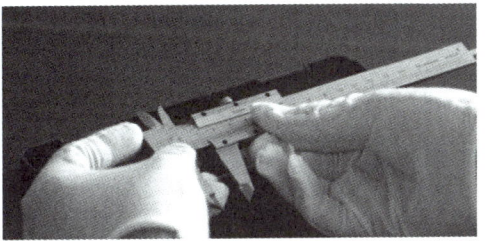

图 2-14　检查归"0"

2.3.1.3　检查千分尺

1）检查外观

检查各部位的相互作用，如图 2-15 所示。用棉丝擦净千分尺各部位表面后，旋转棘轮（螺微旋钮），要求其能轻快而灵活地带动微分筒旋转，测微螺杆移动要平稳，无卡住现象；微分筒与固定套筒之间无摩擦，锁紧住测微螺杆后棘轮能发出"咔咔"声。

2）校对"0"位

测量范围为 0~25 mm 的千分尺直接校对；测量范围大于 25 mm 的千分尺用量杆或量块校对。

如图 2-16 所示。直接校对时擦净两个测量面，旋转微分筒，两个测量面即将接触时轻转棘轮，发出"咔咔"声，微分筒"0"线与固定套筒基线重合，微分筒端面与固定套筒"0"线右边缘相切，此时"0"位正确。

3）调整"0"位

如图 2-17 所示，当"0"位不准时可用专用扳勾插入固定套筒的调整孔内（固定套筒"0"

线的背面），扳动固定套筒转过一定角度，使千分尺"0"位对准。

若使用者本人不能调整，应送量具检修部门由专业人员进行调整。也可直接测量，在读数时加修正值。

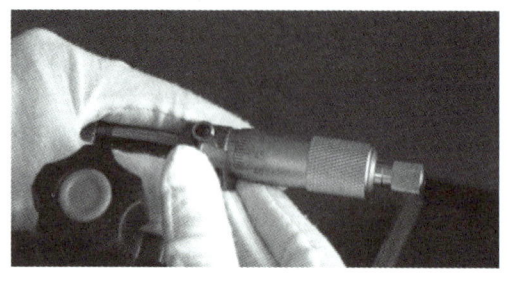

图 2-15　检查外观

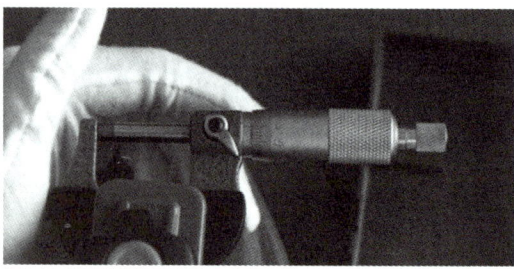

图 2-16　校对"0"位

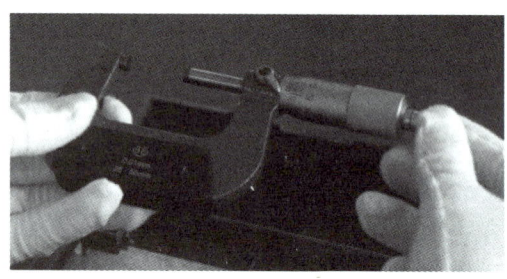

图 2-17　调整"0"位

2.3.1.4　检查内径百分表

1）检查外观

检查内径百分表是否完好无损，特别是测量臂和指示盘是否灵活且无损坏。清洁内径百分表和待测工件的内表面，确保没有油污、尘埃或任何可能影响测量准确性的杂质，如图2-18所示。

2）组装可换测头

根据零件简图中被测孔的公称尺寸，选择合适的可换测头，将可换测头装在表架头上并用螺母固定，使其尺寸比公称尺寸大 0.5 mm 左右，可用游标卡尺测量测头间的大致距离，如图2-19所示。

3）组装内径指示表

将指示表装入量杆，并使指示表预压 0.2～0.5 mm，即指针偏转 20～50 小格，把指示表指针调整到"0"位，拧紧指示表的紧定螺母，如图2-20所示。

4）校对"0"位

将外径千分尺调节至被测孔的公称尺寸，并锁紧外径千分尺。然后把内径百分表测头置于外径千分尺的两测量面间，找到最小值，把指示表指针调整到"0"位，如图2-21所示。

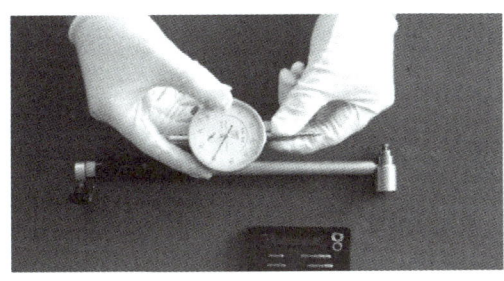
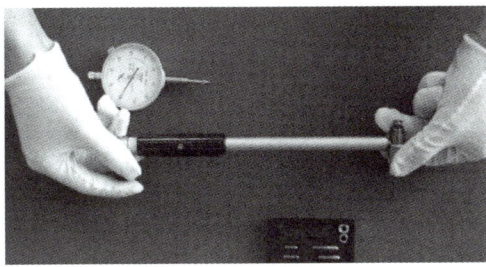

图 2-18 检查外观

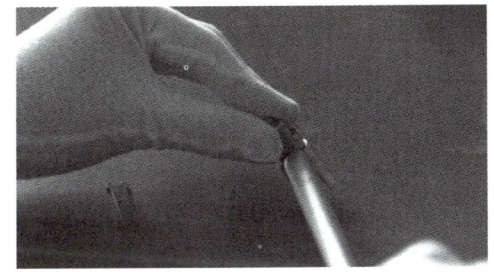

图 2-19 组装可换侧头　　　　　图 2-20 组装内径指示表

图 2-21 校准"0"位

2.3.1.5 检查同轴度测量仪

1）检查外观

根据被测工件的大小，调节"压轮"的高度，使"压轮"能够以合适的压力压住被测工件，检查主压装置上是否有灰尘或污染物，在必要时用酒精和碎布进行清理，如图 2-22 所示。

2）工件放置

通过"操作手柄"升起"压轮"，将被测工件放置在"旋转工作轴"上，将"压轮"归位，确保工件被稳定地压在旋转工作轴上，如图 2-23 所示。

3）调整测量装置

调节"表架"的高度，并将其移动，使千分表（百分表）测头接触被测工件表面，调整表盘指针归"0"，确保测量基准准确，调节"杠杆表"测头至被测工件合适位置，并使之接触工件表面，再次调整表盘指针归"0"，如图 2-24 所示。

图 2-22 检查外观　　　　　　　　图 2-23 放置工件

图 2-24 调整测量装置

2.3.1.6　检查 V 形块、百分表、表架组合

检查 V 形块外观，清洁污渍。检查表架外观，清洁污渍，检查各个活动环节是否连接可靠，如图 2-25 所示。

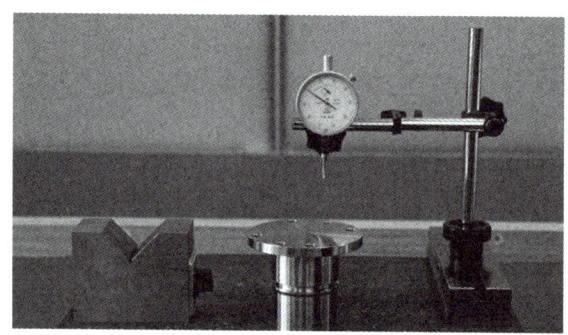

图 2-25 V 形块、百分表、表架组合

2.3.2　垂直度误差演练（面对线垂直度）

2.3.2.1　测量器具

测量器具包括：平台、百分表、表座、表架、导向块、被测件、全棉布数块、防锈油等。

视频：垂直度误差的测量方法

2.3.2.2 测量步骤

① 将被测零件放置在导向块内,基准轴线由导向块模拟,如图 2-26 所示。
② 将百分表测量头与被测表面接触并保持垂直,将指针调"0",且有 1~2 圈的压缩量,如图 2-27 所示。
③ 测量整个表面,并记录百分表读数 M。
④ 完成检测报告,整理实验器具。

图 2-26 零件放置

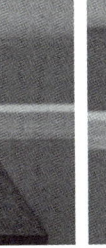

图 2-27 压表、归"0"

2.3.2.3 数据处理

零件的整个测量表面上读数的最大值 M_{max} 与最小值 M_{min} 之差即为垂直度误差:

$$\Delta = M_{max} - M_{min}$$

式中,M_{max} 为百分表最大读数;M_{min} 为百分表最小读数。

2.3.2.4 检测报告

按步骤完成测量并将被测件的相关信息及测量结果填入检测报告单(见表 2-10)中。

表 2-10 垂直度误差检测报告单(面对线)

测量数据记录										
序号	M1	M2	M3	M4	M5	M6	M7	M8	M9	M10
数据	+0.02	+0.01	+0.01	+0.02	0.00	+0.01	−0.02	−0.02	−0.01	−0.03
序号	M11	M12	M13	M14	M15	M16	M17	M18	M19	M20
数据	−0.02	−0.01	−0.01	−0.02	−0.02	0.00	0.00	+0.01	+0.02	+0.01
垂直度误差 $\Delta = M_{max} - M_{min} = 0.04$ mm								结论:合格		

2.3.3 径向圆跳动误差演练

2.3.3.1 测量器具

测量器具包括:百分表、表架、同轴度测量仪、被测件、全布数块、防锈油等。

视频:径向跳动误差的测量方法

2.3.3.2 测量步骤

① 将测量器具和被测件擦干净,然后把被测零件支承在同轴度测量仪上,如图 2-28 所示。

② 安装好百分表、表座、表架,调节百分表,使测头与工件外表面接触并保持垂直,并将指针调"0",且有 1~2 圈的压缩量,如图 2-29 所示。

③ 缓慢而均匀地转动工件一周,记录百分表的最大读数 M_{max} 与最小读数 M_{min}。

④ 按上述方法,测量 4 个不同横截面(截面 $A-A$、$B-B$、$C-C$、$D-D$),取各截面测得的最大读数 M_{max} 与最小读数 M_{min} 差值的最大值作为该零件的径向圆跳动误差。

⑤ 完成检测报告,整理实验器具。

图 2-28 放置零件

图 2-29 压表、归"0"

2.3.3.3 数据处理

① 先计算出不同截面上的径向圆跳动误差值,$\Delta_i = M_{i\max} - M_{i\min}$。

② 然后取上述的最大误差值作为被测表面的径向圆跳动误差值,即 $\Delta = \Delta_{i\max}$。

2.3.3.4 检测报告

按步骤完成测量并将被测件的相关信息及测量结果填入检测报告单(见表 2-11)中。

表 2-11 径向圆跳动误差检测报告单

仪器读数	测量记录和数据处理			
	截面 $A-A$	截面 $B-B$	截面 $C-C$	截面 $D-D$
	M_{max}	M_{max}	M_{max}	M_{max}
	+0.04	+0.03	+0.06	+0.05
	M_{min}	M_{min}	M_{min}	M_{min}
	-0.02	-0.02	-0.03	-0.03
$\Delta_i = M_{i\max} - M_{i\min}$	0.06	0.05	0.09	0.08
径向圆跳动误差 $\Delta = \Delta_{i\max} = 0.09$ mm			判断合格性:合格	

2.3.4 轴向圆跳动误差演练

2.3.4.1 测量器具

测量器具包括：百分表、表架、偏摆仪、被测件、全布数块、防锈油等。

视频：轴向圆跳动误差的测量方法

2.3.4.2 测量步骤

① 将测量器具和被测件擦干净，然后把被测零件支承在同轴度测量仪上，如图 2-30 所示。

② 安装好百分表、表座、表架，调节百分表，使测头与工件外表面接触并保持垂直，并将指针调 "0"，且有 1~2 圈的压缩量，如图 2-31 所示。

③ 缓慢而均匀地转动工件一周，并观察百分表指针的波动，取最大读数 M_{max} 与最小读数 M_{min} 的差值，作为该直径处的端面圆跳动误差 Δ_i。

④ 按上述方法，在被测端面 4 个不同直径处测量（直径 A、B、C、D），取测量端面不同直径上测得的跳动量中的最大值作为该零件的轴向圆跳动误差。

⑤ 根据图样所给定的公差值，判断零件是否合格。

⑥ 完成检测报告，整理实验器具。

图 2-30 放置零件

图 2-31 压表、归 "0"

2.3.4.3 数据处理

取测量端面不同直径上测得的跳动量中的最大值作为该零件的轴向圆跳动误差，即 $\Delta = \Delta_{i\,max}$。

2.3.4.4 检测报告

按步骤完成测量并将被测件的相关信息、测量结果及测量条件填入检测报告（见表 2-12）中。

表 2-12 轴向圆跳动误差检测报告单

仪器读数	测量记录和数据处理			
	直径 A	直径 B	直径 C	直径 D
	M_{max}	M_{max}	M_{max}	M_{max}
	0.05	+0.04	+0.06	+0.05

续表

仪器读数	$M_{\min}$	$M_{\min}$	$M_{\min}$	$M_{\min}$
	−0.04	−0.03	−0.04	−0.05
$\Delta_i = M_{i\max} - M_{i\min}$	0.09	0.07	0.10	0.10
轴向圆跳动误差 $\Delta = \Delta_{i\max} = 0.10$ mm			判断合格性：不合格	

2.4 实战操作

第一步：制定检测方案，填写表2-13。

表2-13 检测方案

检测卡片		产品型号			零件名称	
		产品名称			零件图号	
工序号	工序名称	检测项目	技术要求	检测手段	检测方案	检测操作要求

第二步：完成测量，并将有关几何尺寸数据填入表 2-14 中。

表 2-14　测量记录表

图纸要求	计量器具	实测数据			平均值	结论
		1	2	3		

第三步：完成测量，并将有关垂直度公差数据填入表 2-15 中。

表 2-15 垂直度误差检测报告单（面对线）

测量数据记录										
序号	M1	M2	M3	M4	M5	M6	M7	M8	M9	M10
数据										
序号	M11	M12	M13	M14	M15	M16	M17	M18	M19	M20
数据										
垂直度误差 $\Delta = M_{max} - M_{min} =$									结论：	

第四步：完成测量，并将有关径向圆跳动公差数据填入表 2-16 中。

表 2-16 径向圆跳动误差检测报告单

仪器读数	测量记录和数据处理			
	截面 A—A	截面 B—B	截面 C—C	截面 D—D
	M_{max}	M_{max}	M_{max}	M_{max}
	M_{min}	M_{min}	M_{min}	M_{min}
$\Delta_i = M_{i\,max} - M_{i\,min}$				
径向圆跳动误差 $\Delta = \Delta_{i\,max} =$			判断合格性：	

第五步：完成测量，并将有关轴向圆跳动公差数据填入表 2-17 中。

表 2-17 轴向圆跳动误差检测报告单

仪器读数	测量记录和数据处理			
	直径 A	直径 B	直径 C	直径 D
	M_{max}	M_{max}	M_{max}	M_{max}
	M_{min}	M_{min}	M_{min}	M_{min}
$\Delta_i = M_{i\,max} - M_{i\,min}$				
轴向圆跳动误差 $\Delta = \Delta_{i\,max} =$			判断合格性：	

2.5 思考题

想一想，怎么检测零件图示上垂直度要求？

知识拓展

一、垂直度应用案例

1. 高层建筑墙体施工案例

在高层建筑的建设中，墙体的垂直度至关重要。例如，某超高层建筑施工时，采用了先进的全站仪测量技术来控制墙体垂直度。在施工过程中，从基础到顶层，每一层墙体都严格按照设计要求进行垂直度测量和调整。若墙体垂直度出现偏差，可能导致建筑物整体结构受力不均，在风荷载、地震等外力作用下，容易产生裂缝甚至倒塌危险。

重要性体现：精确的墙体垂直度保证了建筑物结构的稳定性和安全性，同时也有助于后续装修工程的顺利进行，如墙面装饰材料的贴合、门窗的安装等，提高了建筑的整体质量和美观度。

2. 桥梁桥墩建设案例

桥梁桥墩作为支撑桥梁上部结构的关键部分，其垂直度直接影响桥梁的承载能力和使用寿命。在某跨海大桥桥墩施工中，施工团队使用高精度的经纬仪和铅垂线等测量工具，对桥墩模板进行精确的垂直度调整。如果桥墩垂直度不达标，桥梁在通车后，桥墩可能会承受不均匀的压力，导致桥墩混凝土开裂、钢筋锈蚀，严重威胁桥梁安全。

重要性体现：良好的桥墩垂直度能够确保桥梁结构稳定，均匀传递上部结构的荷载，减少桥梁在使用过程中的变形和损坏风险，保障桥梁的安全运营，延长桥梁的使用寿命。

3. 机床工作台与立柱垂直度案例

在铣床、加工中心等机床中，工作台与立柱的垂直度对加工精度有决定性影响。例如，在加工精密模具时，若工作台相对于立柱的垂直度误差过大，刀具在加工过程中会相对于工件产生倾斜，导致加工出的模具表面不平整，尺寸精度超差，无法满足模具的高精度要求。

重要性体现：高精度的垂直度保证了机床在加工过程中刀具与工件的相对位置准确性，从而实现精确的切削加工，提高加工零件的形状精度和尺寸精度，满足各种机械零部件的精密加工需求。

4. 发动机缸体与缸盖垂直度案例

汽车发动机缸体与缸盖之间的垂直度直接关系到发动机的性能和密封性。在发动机装配过程中，若缸体与缸盖的结合面垂直度不符合要求，会导致气缸垫密封不严，发动机在工作时出现漏气、漏水等问题，影响发动机的动力输出、燃油经济性，甚至可能造成发动机过热、损坏。

重要性体现：准确的垂直度确保了发动机缸体与缸盖之间的良好密封，保证发动机正常的燃烧过程和工作循环，提高发动机的可靠性和耐久性，同时也有助于减少排放，符合环保要求。

5. 飞机机翼与机身垂直度案例

飞机机翼与机身的连接部位必须保证极高的垂直度。在飞机制造过程中，采用先进的数字化测量和装配技术来控制这一垂直度要求。如果机翼与机身的垂直度出现偏差，飞机在飞行时会产生不对称的气流阻力和升力分布，导致飞机飞行姿态不稳定，操控困难，严重影响飞行安全。

重要性体现：严格的垂直度控制确保了飞机整体气动外形的准确性，使飞机在飞行过程中能够获得稳定的升力和阻力特性，保证飞行的安全性、舒适性和燃油经济性，是飞机设计和制造中的关键环节。

6. 火箭发射架垂直度案例

火箭发射架的垂直度对于火箭发射的准确性和安全性至关重要。在火箭发射基地，发射架在建设和安装过程中，使用高精度的测量仪器进行反复测量和调整，确保其垂直度误差极小。若发射架垂直度不达标，火箭在发射时可能会偏离预定轨道，引发严重后果，甚至导致发射失败。

重要性体现：精确的发射架垂直度为火箭提供了准确的发射导向，保证火箭能够沿着预定轨道顺利升空，是实现航天发射任务成功的重要保障之一，对于航天事业的发展具有重要意义。

7. 电子设备外壳装配案例

手机、平板电脑等电子设备，其外壳的各个部件之间需要保证良好的垂直度。在手机外壳组装过程中，前壳与后壳、边框与屏幕等部件的结合处，如果垂直度不符合要求，会导致外壳装配不紧密，出现缝隙不均匀、翘曲等问题，影响设备的外观美观度和防护性能，降低用户体验。

重要性体现：良好的外壳垂直度有助于实现电子设备外壳的精密装配，提高设备的整体外观质量，增强产品的市场竞争力，同时也能保证设备内部电子元件的稳定性和安全性，防止灰尘、水分等进入设备内部。

8. 电路板插件垂直度案例

在电子电路板制造中，插件元件如电容、电阻、集成电路等的引脚与电路板平面的垂直度对焊接质量和电气连接可靠性有重要影响。如果插件引脚垂直度超差，在自动焊接过程中可能会出现虚焊、短路等问题，导致电路故障，影响电子设备的正常运行。

重要性体现：精确的插件引脚垂直度确保了电子元件在电路板上的正确安装和可靠焊接，保证了电路的稳定性和信号传输的准确性，提高了电子设备的整体质量和可靠性，降低了故障率。

二、圆跳动应用案例

1. 车床主轴旋转精度检测案例

在车床加工中，主轴的旋转精度直接影响加工零件的精度。例如，加工高精度的轴类零件时，主轴的径向圆跳动和轴向圆跳动必须控制在极小范围内。若主轴径向圆跳动过大，车削出的轴径会出现圆度误差，表面粗糙度增加；轴向圆跳动超差则会使轴的圆柱度变差，影响轴与其他零件的配合精度。

重要性体现：精确的主轴圆跳动控制能够保证加工零件的尺寸精度、形状精度和表面质量，提高机械产品的整体性能和可靠性，满足各种精密机械加工的要求。

2. 磨削加工工件圆度保证案例

在磨削外圆或内孔时，工件的圆跳动对磨削精度至关重要。例如，磨削发动机曲轴的主轴颈和连杆颈时，若工件在旋转过程中存在较大圆跳动，会导致磨削后的轴颈圆度误差超出公差范围，影响曲轴的动平衡性能，进而降低发动机的工作稳定性和使用寿命。

重要性体现：通过控制工件的圆跳动，可以确保磨削加工后工件的圆度符合设计要求，提高旋转部件的平衡性能，减少振动和磨损，延长机械零件的使用寿命，保证机械设备的正常运行。

3. 汽车轮毂制造质量控制案例

汽车轮毂在生产过程中，圆跳动是关键的质量检测指标。对于铝合金轮毂，无论是铸造还是锻造工艺，都需要对轮毂的轮辋和轮毂安装面进行圆跳动检测。若轮辋圆跳动过大，会使轮胎在安装后出现不均匀磨损，影响轮胎寿命，同时还会导致车辆行驶时产生振动和跑偏现象，降低行驶安全性和舒适性。

重要性体现：严格控制轮毂的圆跳动能够保证车轮的旋转平稳性，提高轮胎的使用寿命，减少车辆行驶中的振动和噪声，增强汽车的操控性能和行驶安全性，提升汽车整体品质。

4. 汽车传动轴平衡性能保障案例

汽车传动轴负责传递动力，其圆跳动直接关系到传动轴的平衡性能。在传动轴制造过程中，通过动平衡测试来检测和调整圆跳动。若传动轴存在较大圆跳动，在高速旋转时会产生严重的不平衡力，引起传动轴剧烈振动，不仅会加速自身及相关部件如万向节、轴承等的磨损，还可能导致传动系统故障，影响车辆正常行驶。

重要性体现：良好的传动轴圆跳动控制可确保其平衡性能，减少动力传输过程中的能量损失和振动，延长传动系统零部件的使用寿命，保证汽车动力系统的稳定运行，提高汽车的可靠性和耐久性。

5. 航空发动机转子部件检测案例

航空发动机的转子部件如涡轮盘、压气机盘等，对圆跳动要求极高。在发动机装配前，这些部件需要经过严格的圆跳动检测。例如，涡轮盘在高速旋转时承受巨大的离心力和温度应力，如果圆跳动超差，会导致叶片安装角度不均匀，影响气流通过叶片的效率，降低发动机推力，同时还会增加叶片的振动和疲劳应力，威胁发动机安全运行。

重要性体现：精确的转子部件圆跳动控制是保证航空发动机高性能、高可靠性和长寿命的关键因素之一。它有助于提高发动机的工作效率，减少部件的磨损和损坏风险，确保飞机飞行安全。

6. 卫星姿态控制部件精度要求案例

卫星上的姿态控制部件如动量轮、陀螺等，其旋转精度直接影响卫星的姿态稳定。在制造过程中，对这些部件的圆跳动有着严格的要求。若动量轮存在较大圆跳动，会导致卫星姿态控制精度下降，影响卫星的正常工作，如通信卫星可能会出现信号中断、遥感卫星图像采集不准确等问题。

重要性体现：严格控制姿态控制部件的圆跳动能够保证卫星在太空中精确地保持预定姿态，确保卫星各项任务的顺利完成，对于航天任务的成功实施具有重要意义。

7. 电机转子圆跳动影响案例

电机转子的圆跳动对电机性能有显著影响。在异步电机中，若转子的圆跳动超差，会导致电机在运行时产生不平衡磁拉力，引起电机振动和噪声增大，降低电机效率，增加能耗，同时还会缩短电机轴承的使用寿命，影响电机的可靠性和稳定性。

重要性体现：精确控制电机转子的圆跳动有助于提高电机的运行效率，降低振动和噪声，延长电机的使用寿命，保证电机在各种工业应用中的稳定可靠运行，提高生产设备的整体性能。

8. 发电机转子平衡调整案例

对于大型发电机转子，圆跳动的控制更为重要。在制造和安装过程中，需要采用高精度的测量和平衡调整技术来确保转子的圆跳动符合要求。如果发电机转子圆跳动不合格，在高速旋转时会产生严重的振动，不仅会影响发电机的输出电压和频率稳定性，还可能导致发电机内部部件（如绕组、铁芯等）的损坏，影响发电系统的正常供电。

重要性体现：良好的转子圆跳动控制能够保证发电机的稳定运行，提高电能质量，确保电力供应的可靠性，对于电力系统的安全稳定运行起着关键作用。

9. 光学镜头制造精度保障案例

在光学镜头制造中，透镜的圆跳动对镜头的光学性能影响极大。例如，在相机镜头中，透镜的圆跳动会导致光线折射不均匀，影响成像质量，出现像差、色差等问题，降低图像的清晰度和分辨率。在高精度显微镜镜头制造中，透镜圆跳动必须控制在亚微米级别，以保证微观观测的准确性。

重要性体现：严格控制透镜的圆跳动能够确保光学镜头具有良好的光学性能，提高成像质量，满足精密仪器在科学研究、医疗诊断、工业检测等领域对高精度观测的需求。

技术练兵

一、填空题

1. 形位公差包括_____和_____两部分。
2. 百分表主要由_____、_____、_____、_____、_____和_____等组成。
3. 磁力表座主要由_____、_____、_____、_____、_____和_____等组成。

4. 内径百分表,又称为_____,是一种_____,专门用于测量_____的尺寸及其形状误差。

5. V 形块,也称为_____,因其 V 字形的槽口设计而得名,该槽口能够稳定地支撑零件或其他工件。

6. 圆跳动公差可分为_____、_____和_____三种。

7. 全跳动公差是指关联实际被测要素相对于理想回转面所允许的变动全量,当理想回转面是以基准轴线为轴线的圆柱面时,称为_____;当理想回转面是与基准轴线垂直的平面时,称为_____。

8. 形位公差的检测应遵循_____、_____和_____原则。

9. 形位公差的评定应遵循_____原则和_____原则。

10. 形位公差的评定方法主要有_____、_____和_____。

二、选择题

1. 以下不属于形位公差项目的是(　　)。
   A. 直线度　　　B. 平面度　　　C. 硬度　　　D. 圆度

2. 百分表的分度值通常为(　　)。
   A. 0.01 mm　　B. 0.02 mm　　C. 0.1 mm　　D. 0.5 mm

3. 磁力表座的磁性开关作用是(　　)。
   A. 调节表座高度　B. 控制磁力大小　C. 固定百分表　D. 切换测量方向

4. 内径百分表测量前需要用(　　)校准"0"位。
   A. 外径千分尺　B. 游标卡尺　C. 标准环规　D. 千分表

5. V 型块在使用时,工件应放置在(　　)。
   A. V 形块的顶部平面　　　　　B. V 形块的侧面
   C. V 形块的 V 形槽中　　　　　D. V 形块的任意位置

6. 圆跳动公差中,径向圆跳动公差的公差带是(　　)。
   A. 在垂直于基准轴线的任一测量平面内、半径差为公差值 t 且圆心在基准轴线上的两同心圆之间的区域
   B. 在与基准同轴的任一测量圆柱面上距离为 t 的两圆之间的区域
   C. 在与基准同轴的任一测量圆锥面上距离为 t 的两圆之间的区域
   D. 距离为公差值 t 且垂直于基准轴线的两平行平面之间的区域

7. 全跳动公差中,端面全跳动公差的公差带是(　　)。
   A. 半径为公差值 t 且与基准同轴的两圆柱面之间的区域
   B. 距离为公差值 t 且与基准垂直的两平行平面之间的区域
   C. 在垂直于基准轴线的任一测量平面内、半径差为公差值 t 且圆心在基准轴线上的两同心圆之间的区域
   D. 在与基准同轴的任一测量圆柱面上距离为 t 的两圆之间的区域

8. 以下检测方法中适用于形状复杂或难以直接测量的零件形位公差检测的是(　　)。
   A. 直接测量法　　　　　　　B. 比较测量法
   C. 间接测量法　　　　　　　D. 估算测量法

9. 形位公差评定时，评定形状误差应遵循（　　）原则。
   A. 最小条件　　　B. 包容　　　C. 最大实体　　　D. 独立原则
10. 三坐标测量机主要用于（　　）。
   A. 测量零件的粗糙度
   B. 测量零件的硬度
   C. 高精度测量零件的三维坐标和形状误差
   D. 测量零件的重量

三、判断题

1. 形位公差只影响零件的外观，对其使用性能没有影响。　　　　　　　（　　）
2. 百分表的测量杆活动不灵活会影响测量结果的准确性。　　　　　　　（　　）
3. 磁力表座只能吸附在铁磁性材料表面。　　　　　　　　　　　　　　（　　）
4. 内径百分表可以直接测量出孔的真实直径，无需任何调整。　　　　　（　　）
5. V形块的主要作用是保护工件表面不被划伤。　　　　　　　　　　　（　　）
6. 圆跳动公差和全跳动公差的测量方法完全相同。　　　　　　　　　　（　　）
7. 影响垂直度公差的因素只有加工方法和精度。　　　　　　　　　　　（　　）
8. 形位公差的检测结果与测量人员的操作方法无关。　　　　　　　　　（　　）
9. 形位公差的评定标准是统一的，适用于所有机械零件。　　　　　　　（　　）
10. 合理设定形位公差可以降低生产成本。　　　　　　　　　　　　　（　　）

四、简答题

1. 简述百分表的读数原理和读数方法。

2. 磁力表座的使用步骤有哪些？

3. 内径百分表的使用注意事项有哪些？

4. V形块如何进行维护和保养？

5. 圆跳动公差和全跳动公差的含义分别是什么？

6. 影响圆跳动公差的因素有哪些？

7. 形位公差的检测原则有哪些？

8. 形位公差的评定方法中计算法和作图法分别适用于什么情况？

9. 为什么形位公差在机械零件制造中具有重要性？

10. 如何选择合适的形位公差检测方法？

学习任务三　配合零件检测

【学习目标】

- 能独立领取、阅读及核对检测任务通知单内容，明确检测任务。
- 能根据检测图纸要求，查阅资料，完成配合零件图纸分析，选取和校验量具。
- 能依据工量具使用规范，完成零件公差与配合的基本参数检测。
- 能完成检测数据结果的整理及归纳汇总，规范填写尺寸检测报告。
- 能按照工量具和检测仪器的保养要求，完成塞尺、数显高度卡尺和内测千分尺等量仪常规维护保养。
- 能依据现场管理规范，完成工作现场的清理整顿，达到现场管理要求。

【考核要点】

根据配合零件检测图样，使用塞尺、数显高度卡尺和内测千分尺等量具，以手工检测方式完成检测表中标注尺寸的检测，并输出尺寸检测报告。

【建议学时】

18 学时。

【工作流程】

接受任务　→　检测前准备　→　零件检测　→　尺寸评价

| 1. 能正确领取、阅读、核对检测任务通知单。
2. 分析样品检测图纸。
3. 能与质量经理进行有效沟通，明确零件检测项目要求。 | 1. 能依据企业实际检测条件，制定检测工艺方案。
2. 能正确阅读作业指导书，确认检测标准。
3. 能根据零件特征，正确选择、校验检测器具。 | 1. 能规范、熟练使用工量器具，完成零件尺寸、几何公差检测。
2. 记录检测数据。
3. 能正确对工量具进行保养、检查和收纳。 | 1. 能对配合件检测数据结果进行归纳汇总。
2. 能分析并解决质量分析过程中的问题。
3. 能按照工作成果总结的要求，完成质量分析。 |

学习任务三　工　单						
零件名称		工时		18学时	班组	
检验员						
责任部门		检测中心编码			日期	
量具、量仪						
学习任务						
任务目标						

知识与技能	
实施过程	
尺寸评价	

成绩评定		
组内互评成绩	A（　）、B（　）、C（　）	教师评定成绩 （A、B、C三等）
本人评定成绩	A（　）、B（　）、C（　）	

3.1 检测任务描述

为了保证某企业委托加工的配合件加工质量，确保后期装配工作的顺利进行，需抽检 5 套产品。请按照抽样检测标准，对照图纸及技术要求（见图 3-1），采用内测千分尺、塞尺、数显高度卡尺等工量具分别对配合件孔径尺寸、配合间隙等尺寸形位公差进行检测（见表 3-1）。此任务属于配合类零件的检测。该项工作由教师下达工作任务，要求学生独立完成检测。

表 3-1　检测项目

序号	尺寸描述		公差	上极限尺寸	下极限尺寸
套 1	外径	$\phi 31^{+0.000}_{-0.100}$	0.1	31	30.9
	内径	$\phi 28^{+0.100}_{-0.000}$	0.1	28.1	28
	内径	$\phi 12^{+0.021}_{-0.000}$	0.021	12.021	12
	长度	$12^{+0.100}_{-0.100}$	0.2	12.1	11.9
	长度	$\phi 10^{+0.100}_{-0.100}$	0.2	10.1	9.9
	垂直度	—	0.03		
套 2	外径	$\phi 28^{+0.000}_{-0.100}$	0.1	28	27.9
	内径	$\phi 19.8^{+0.100}_{-0.000}$	0.1	19.9	19.8
	长度	$10^{+0.100}_{-0.100}$	0.2	10.1	9.9
	垂直度（2 处）	—	0.03	—	—
	同轴度	—	0.04	—	—
轴	外径	$\phi 28^{+0.000}_{-0.100}$	0.1	28	27.9
	外径	$\phi 19.8^{+0.000}_{-0.100}$	0.1	19.8	19.7
	内径	$\phi 12^{-0.020}_{-0.041}$	0.021	11.98	11.959
	长度	$14^{+0.100}_{-0.100}$	0.2	14.1	13.9
	长度	$4^{+0.100}_{-0.100}$	0.2	4.1	3.9
	垂直度	—	0.03	—	
	同轴度	—	0.04		
配合	长度	$16^{+0.100}_{-0.100}$	0.2	16.1	15.9

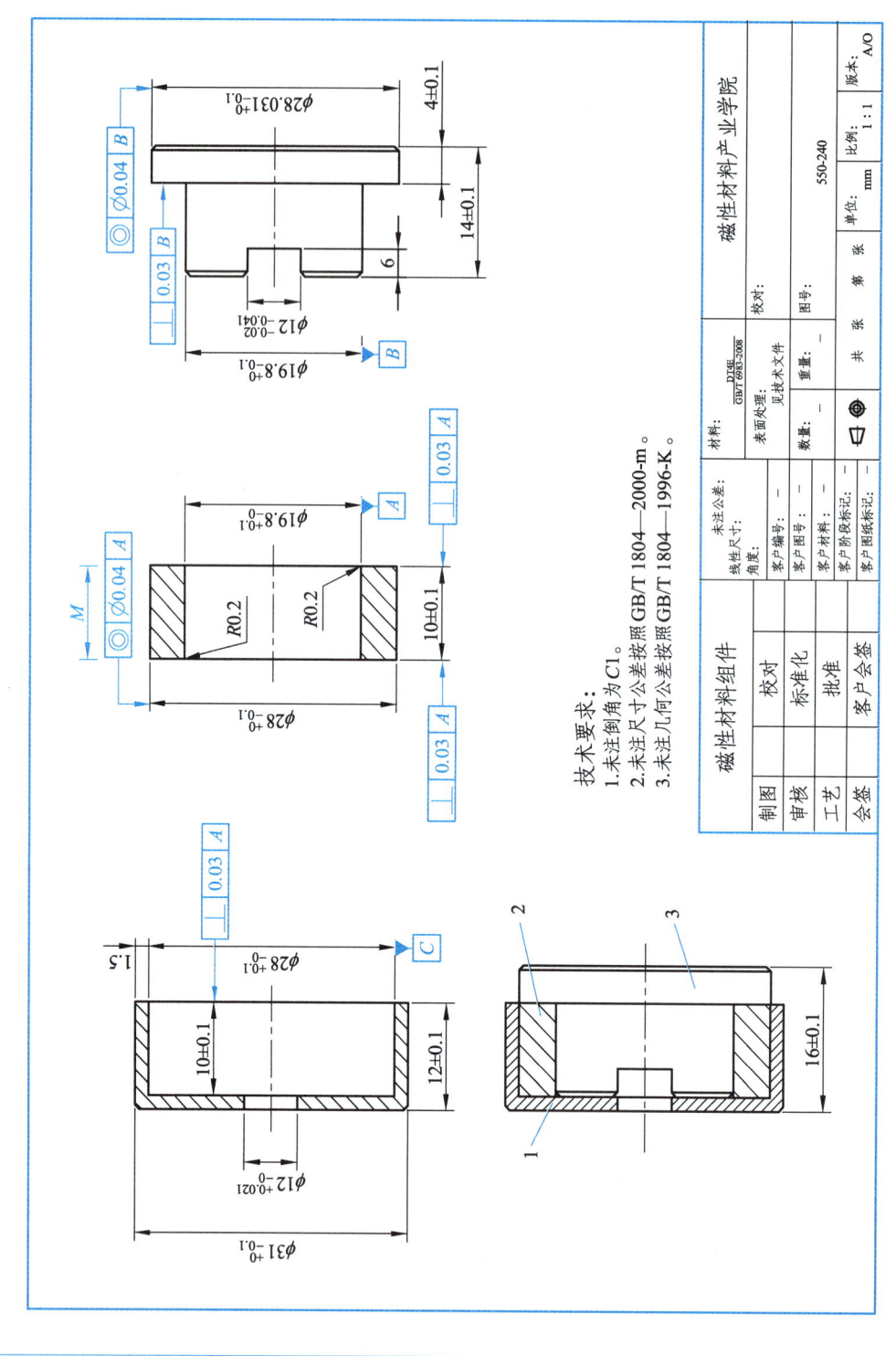

图 3-1 任务三零件图纸

3.2 量具配置准备

3.2.1 量具配置清单（见表 3-2）

表 3-2 量具配置清单

名称	规格	数量
数显高度尺 / mm	0～300 / 0.02	1 把
内测千分尺 / mm	5～30 / 0.01	1 把
塞尺 / mm	0.02～1	1 把

3.2.2 数显高度卡尺

3.2.2.1 数显高度卡尺结构原理

数显高度卡尺简称高度尺，也称高度卡尺，如图 3-2 所示，是利用游标原理，对测量爪的测量面与底座底面相对移动分隔的距离进行读数的通用长度测量工具。它主要由尺身、尺框、测量爪、底座等组成。

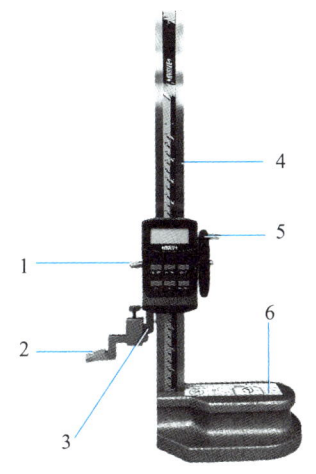

1—紧固螺钉；2—测量爪；3—尺框；4—尺身；
5—微动装置；6—底座。

图 3-2 数显高度卡尺

数显高度卡尺按测量精度分为 0.01 mm，测量范围一般为 0～300 mm、0～500 mm、0～1000 mm 及 0～1500 mm。

 知识搜索

一、配合术语

（一）间隙与过盈

定义：孔的尺寸减去相配合轴的尺寸所得的代数差若为正值，即为间隙，用 X 表示；若此差值为负值，则为过盈，用 Y 表示。

注意：计算结果为代数差，数值前必须要有"+"或"-"号。

（二）配合种类

定义：配合种类有间隙配合、过盈配合和过渡配合。

1. 间隙配合

孔的尺寸减去相配合轴的尺寸差正值，即具有间隙（包括最小间隙为 0）的配合。此时，孔的公差带处于轴的公差带之上，如图 3-3 所示。

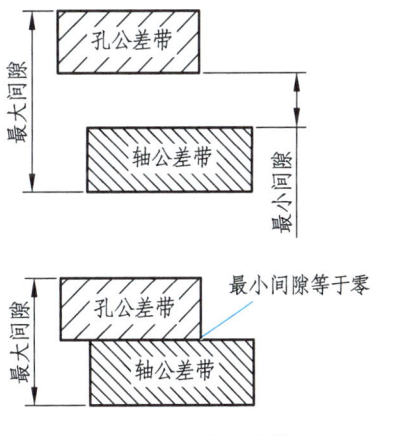

图 3-3 间隙配合公差带图

2. 过盈配合

孔的尺寸减去相配合轴的尺寸差负值，即具有过盈（包括最小过盈为 0）的配合。此时，轴的公差带处于孔的公差带之上，如图 3-4 所示。

3.2.2.2 数显高度卡尺使用方法

1）检查外观

高度尺的表面不应有锈蚀、碰伤或其他缺陷。刻线和数字应清晰、均匀，不应有脱色现象，游标刻线应刻至斜面下边缘。高度尺上应标有分度值、工厂标志和出厂编号。

2）检查各部分的相互作用

尺框沿尺身移动应平稳，无卡滞、晃动，尺框不应有因自重而自动下滑现象。紧固螺钉的作用应可靠。微动装置的空程应不超过1/2转。底座放置于平板上，应稳固。

3）校"0"位

擦净1级平板与高度尺的底座工作面，将高度尺底座放在平板上，装上测量爪，一只手压着底座，另一只手把尺框慢慢往下推，使量爪的下测量面与平板轻轻接触，看游标的"0"刻线与尺身的"0"刻线以及尾刻线是否与尺身的相应刻线对齐，若不对齐则应调整游标尺框，使其不松旷，若仍然不能对"0"时，应检查调修。

4）测量高度值的方法

移动高度尺的底座，使量爪的下测量面慢慢降至被测对象的表面，手感量爪的下测量面紧密接触被测物表面后，读出测量数据。高度尺的读数方法与游标卡尺的读数方法相同。

视频：高度游标卡尺测量方法

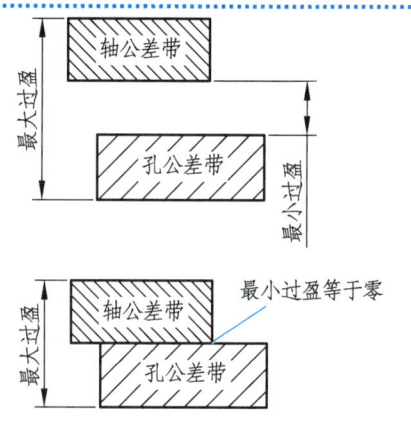

图 3-4 过盈配合公差带图

3. 过渡配合

过渡配合指可能具有间隙或过盈的配合。此时，孔与轴的公差带相互交叠，如图 3-5 所示。

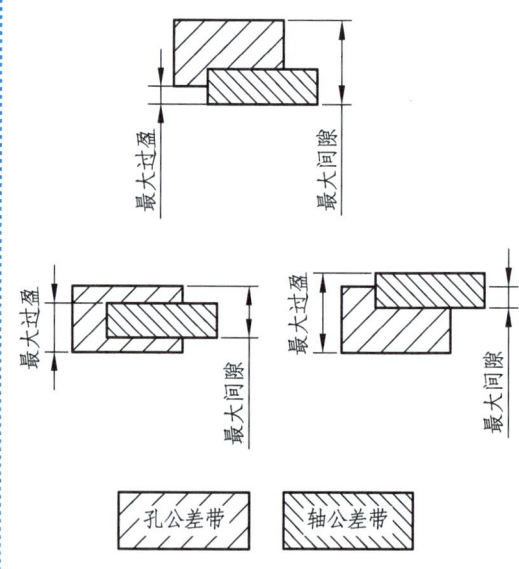

图 3-5 过渡配合公差带图

注：过渡配合可能出现零间隙或零过盈。

（三）配合公差

定义：配合公差是允许间隙或过盈的变动量，用 T_f 表示。

3.2.2.3 数显高度卡尺的使用与保养

① 测量时不应使用过大的测量力,否则将影响测量精度。

② 数显高度卡尺使用完毕,应将尺框移至高度尺的最低位置以保护尺框弹簧不过早疲劳失效。

③ 使用完毕,应用干净软布或棉纱擦净高度游标卡尺的尺身量爪和基座,检查紧固螺钉最多退出 2 牙或轻轻旋紧,再将高度游标卡尺装入量具盒内摆放。

④ 没有量具盒的高度尺摆放时不允许倒放,也不能斜靠在其他货物上,应正置摆放,以免高度尺尺身变形。

⑤ 数显高度卡尺不允许摆放在振动的机床上;送检时,手推车上应垫以泡沫塑料或软布减震。

⑥ 高度游标卡尺不允许摆放在环境存在强磁力的位置以及酸性氛围和潮湿的地方。

⑦ 高度游标卡尺应定置摆放,不允许与工具(榔头、钳子等)、刀具、零件等杂物混放;不允许与其他量具触碰、叠放。

⑧ 如要进行比较测量,则取下测量爪,装上夹杆和指示表(百分表或千分表)即可。

⑨ 高度游标卡尺应按计量器具周期检定计划送检,检定合格后才能使用。

3.2.3 塞 尺

3.2.3.1 塞尺结构

塞尺是一种检验间隙用的薄片式量具,适用于测量两个表面之间隙的大小的一种量具。塞尺由护夹板、尺片及固定销轴组成,如图 3-7 所示。

间隙配合 $T_\mathrm{f} = |X_\max - X_\min|$

过盈配合 $T_\mathrm{f} = |Y_\min - Y_\max|$

过渡配合 $T_\mathrm{f} = |X_\max - Y_\max|$

将最大、最小间隙和过盈分别用孔、轴的极限尺寸或极限偏差代入上式,则得三类配合的配合公差的共同式为 $T_\mathrm{f} = T_\mathrm{h} + T_\mathrm{s}$

注意:配合公差是没有符号的绝对值。

(四)配合制

1. 基准制的国家标准

国家标准中规定了基孔制和基轴制两种基准制。

(1)基孔制:基本偏差为一定值的孔的公差带与不同基本偏差的轴的公差带形成各种配合的一种制度。

特征:基孔制配合中的孔称为基准孔,基本偏差代号为"H",基本偏差是下极限偏差,数值为 0,其上极限偏差数值由公差等级和公称尺寸确定,如图 3-6 所示。

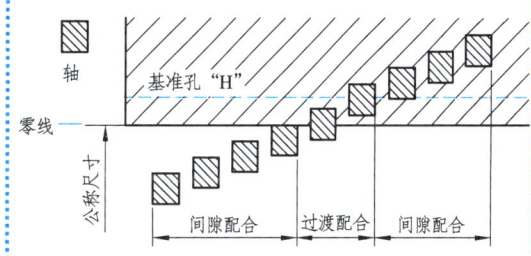

图 3-6 基孔制配合

(2)基轴制:基本偏差为一定值的轴的公差带与不同基本偏差的孔的公差带形成各种配合的一种制度。

特征:基轴制配合中的轴称为基准轴,基本偏差代号为"b",基本偏差是上极限偏差,数值为 0,其下极限偏差数值由公差等级和公称尺寸确定,如图 3-8 所示。

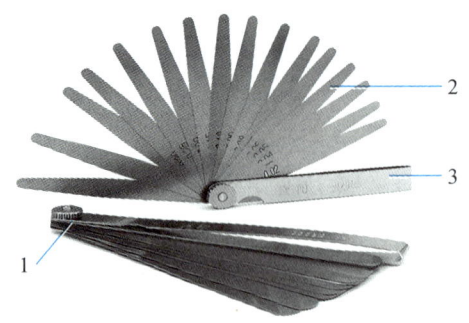

1—固定销轴；2—尺片；3—护夹板。

图 3-7 塞尺

3.2.3.2 塞尺规格和测量范围

常见塞尺测量范围一般为 0.02～1 mm，塞尺由若干不同厚度的薄片组成一组，叠合在护夹板内。每个薄片有两个相互平行的测量平面，其尺片厚度的精度很高。例如，0.1～0.3 mm 的塞尺，其厚度偏差为 ±0.008 mm，塞尺弯曲度 ≤0.006 mm。

3.2.3.3 塞尺读数方法

① 擦净塞尺尺片。

② 估测被测间隙大小，选择合适的尺片插入被测间隙内，若仍有空隙，则选用较厚的一片插入，直至试测到恰好能塞进去。松紧适当时，累计插入尺片的尺寸即为被测间隙尺寸。

③ 若无相应合适厚度的尺片，也可组合若干尺片相叠使用，被测间隙即为各片塞尺尺寸之和。由于组合使用塞尺将产生较大误差，所以组合尺片越少越好，最好不超过 3 片。

3.2.3.4 塞尺的使用与保养

① 测量时用力不宜过猛，以免将塞尺折弯变形或断裂。

② 不允许用塞尺去测量温度高的零部件。

③ 使用完毕，擦净测量片。擦尺片时要顺着尺片擦，不允许逆擦，以防折断。

④ 塞尺应定置摆放于无酸性、无碱性气

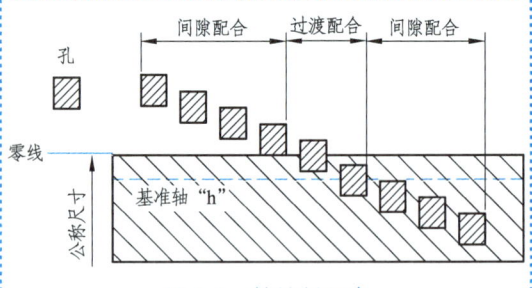

图 3-8 基轴制配合

2. 优先、常用配合

国家标准规定的基孔制配合共 59 种，其中，优先配合 13 种，见表 3-3。国家标准规定的基轴制配合共 47 种，见表 3-4。这些配合分别由孔、轴的常用公差带和基准孔、基准轴的公差带组成。

注意：在公差等级较高（公差等级<IT8）的配合中，孔的公差带通常比轴低一级；在公差等级较低（公差等级≥IT8）的配合中，孔、轴应选用同级配合。

3. 配合代号

国家标准规定，配合代号用孔、轴公差带代号的组合表示，写成分数形式，分子为孔的公差带代号，分母为轴的公差带代号，如 $\phi 50H8/f7$、$\phi \dfrac{50H8}{f7}$。

二、极限与配合的选择

定义：极限与配合的选用是机械设计和制造的重要环节，对机器的使用性能、制造成本、生产率及使用寿命有直接影响。其主要内容包括基准制的选择、公差等级的选择和配合种类的选择。

（一）优先选用基孔制

一般情况下优先选用基孔制。从工艺角度看，加工孔比加工轴困难一些，从经济性来考虑，加工轴可以减少刀具、量具的规格

氛的地方保存。不允许与工具（榔头、钳子等）、刀具、零件等杂物混放，不允许与其他量具触碰、叠放。

⑤ 应按计量器具周期检定计划送检，检定合格后才能使用。

和数量，因此采用基孔制经济性较好。基轴制常用于有些零件由于结构或工艺上的原因不易采用基孔制的场合。

例如，活塞销与连杆衬套、活塞销孔之间的配合采用基轴制。从工艺角度看，若采用基孔制配合，则活塞销必须做成两头大、中间小的阶梯轴，这样既不利于加工，又不利于装配；若采用基轴制配合，则将活塞销制成光轴即可，这样既方便加工，又便于装配，较经济。

（二）公差等级的选择

选择公差等级的目的是解决零件的使用性能要求与制造成本之间的矛盾。

（1）选择原则：在满足使用要求的前提下，尽量选用较低的公差等级。

（2）选择方法：公差等级的选择通常采用类比法，即参考经过实践证明是合理的典型产品的公差等级，结合特定零件的配合、工艺和结构等特点，经分析对比后确定公差等级。表3-5列出了公称尺寸至3150 mm标准公差数值，表3-6列出了公差等级的主要应用。

（三）配合的选择

配合的选择是在确定了基准制的基础上，根据使用要求选择配合类型，进而确定非基准件基本偏差代号的过程。

（1）选择配合类型：应根据零件的使用要求来确定是选间隙配合、过盈配合还是过渡配合。表3-7列出了配合类型选择的依据。

（2）确定基本偏差的方法通常有三种：实验法、计算法、类比法。类比法是应用最广泛的方法，即参照经过生产实践验证的配合实例，再结合所设计零件的使用要求和应用条件来确定基本偏差。表3-8列出了尺寸至500 mm优先配合的特征及应用，供选用配合时参考。

表3-3 基孔制优先、常用配合

基准孔	轴																			
	a	b	c	d	e	f	g	h	js	k	m	n	p	r	s	t	u	v	x	y	z
	间隙配合								过渡配合				过盈配合								
H6						$\frac{H6}{f5}$	$\frac{H6}{g5}$	$\frac{H6}{h5}$	$\frac{H6}{js5}$	$\frac{H6}{k5}$	$\frac{H6}{m5}$	$\frac{H6}{n5}$	$\frac{H6}{p5}$	$\frac{H6}{r5}$	$\frac{H6}{s5}$	$\frac{H6}{t5}$					
H7						$\frac{H7}{f6}$	$\frac{H7}{g6}$	$\frac{H7}{h5}$	$\frac{H7}{js6}$	$\frac{H7}{k6}$	$\frac{H7}{m6}$	$\frac{H7}{n6}$	$\frac{H7}{p6}$	$\frac{H7}{r6}$	$\frac{H7}{s6}$	$\frac{H7}{t6}$	$\frac{H7}{u6}$	$\frac{H7}{v6}$	$\frac{H7}{x6}$	$\frac{H7}{y6}$	$\frac{H7}{z6}$
H8					$\frac{H8}{e7}$	$\frac{H8}{f7}$	$\frac{H8}{g7}$	$\frac{H8}{h5}$	$\frac{H8}{js7}$	$\frac{H8}{k7}$	$\frac{H8}{m7}$	$\frac{H8}{n7}$	$\frac{H8}{p7}$	$\frac{H8}{r7}$	$\frac{H8}{s7}$	$\frac{H8}{t7}$	$\frac{H8}{u7}$				
H8				$\frac{H8}{d8}$	$\frac{H8}{e8}$	$\frac{H8}{f8}$		$\frac{H8}{h8}$													

续表

基准孔	轴																			
	a	b	c	d	e	f	g	h	js	k	m	n	p	r	s	t	u	v	x	y	z
	间隙配合								过渡配合					过盈配合						
H9			$\frac{H9}{c9}$	$\frac{H9}{d9}$	$\frac{H9}{e9}$	$\frac{H9}{f9}$		$\frac{H9}{h9}$												
H10			$\frac{H10}{c10}$	$\frac{H10}{d10}$				$\frac{H10}{h10}$												
H11	$\frac{H11}{a11}$	$\frac{H11}{b11}$	$\frac{H11}{c11}$	$\frac{H11}{d11}$				$\frac{H11}{h11}$												
H12		$\frac{H12}{b12}$						$\frac{H12}{h12}$												

表 3-4 基轴制优先、常用配合

基准轴	孔																			
	A	B	C	D	E	F	G	H	JS	K	M	N	P	R	S	T	U	V	X	Y	Z
	间隙配合								过渡配合					过盈配合						
h5						$\frac{F6}{h5}$	$\frac{G6}{h5}$	$\frac{H6}{h5}$	$\frac{JS6}{h5}$	$\frac{K6}{h5}$	$\frac{M6}{h5}$	$\frac{N6}{h5}$	$\frac{P6}{h5}$	$\frac{R6}{h5}$	$\frac{S6}{h5}$	$\frac{T6}{h5}$					
h6						$\frac{F7}{h6}$	$\frac{G7}{h6}$	$\frac{H7}{h6}$	$\frac{JS7}{h6}$	$\frac{K7}{h6}$	$\frac{M7}{h6}$	$\frac{N7}{h6}$	$\frac{P7}{h6}$	$\frac{R7}{h6}$	$\frac{S7}{h6}$	$\frac{T7}{h6}$	$\frac{U7}{h6}$				
h7					$\frac{E8}{h7}$	$\frac{F8}{h7}$		$\frac{H8}{h7}$	$\frac{JS8}{h7}$	$\frac{K8}{h7}$	$\frac{M8}{h7}$	$\frac{N8}{h7}$									
h8				$\frac{D8}{h8}$	$\frac{E8}{h8}$	$\frac{F8}{h8}$		$\frac{H8}{h8}$													
h9				$\frac{D9}{h9}$	$\frac{E9}{h9}$	$\frac{F9}{h9}$		$\frac{H9}{h9}$													
h10				$\frac{D10}{h10}$				$\frac{H10}{h10}$													
h11	$\frac{A11}{h11}$	$\frac{B11}{h11}$	$\frac{C11}{h11}$	$\frac{D11}{h11}$				$\frac{H11}{h11}$													
h12		$\frac{B12}{h12}$						$\frac{H12}{h12}$													

表 3-5　公称尺寸至 3 150 mm 标准公差数值

公称尺寸/mm		公差等级																
大于	至	IT1	IT2	IT3	IT4	IT5	IT6	IT7	IT8	IT9	IT10	IT11	IT12	IT13	IT14	IT15	IT16	IT17	IT18
		μm									mm								
—	3	0.8	1.2	2	3	4	6	10	14	25	40	60	0.10	0.14	0.25	0.40	0.60	1.0	1.4
3	6	1	1.5	2.5	4	5	8	12	1	30	48	75	0.12	0.18	0.30	0.48	0.75	1.2	1.8
6	10	1	1.5	2.5	4	6	9	15	22	36	58	90	0.15	0.22	0.36	0.58	0.90	1.5	2.2
10	18	1.2	2	3	5	8	11	18	27	43	70	110	0.18	0.27	0.43	0.70	1.10	1.8	2.7
18	30	1.5	2.5	4	6	9	13	21	33	52	84	130	0.21	0.33	0.52	0.84	1.30	2.1	3.3
30	50	1.5	2.5	4	7	11	16	25	39	62	100	160	0.25	0.39	0.62	1.00	1.60	2.5	3.9
50	80	2	3	5	8	13	19	30	46	74	120	190	0.30	0.46	0.74	1.20	1.90	3.0	4.6
80	120	2.5	4	6	10	15	22	35	54	87	140	220	0.35	0.54	0.87	1.40	2.20	3.5	5.4
120	180	3.5	5	8	12	18	25	40	63	100	160	250	0.40	0.63	1.00	1.60	2.50	4.0	6.3
180	250	4.5	7	10	14	20	29	46	72	115	185	290	0.46	0.72	1.15	1.85	2.90	4.6	7.2
250	315	6	8	12	16	23	32	52	81	130	210	320	0.52	0.81	1.30	2.10	3.20	5.2	8.1
315	400	7	9	13	18	25	36	57	89	140	230	360	0.57	0.89	1.40	2.30	3.60	5.7	8.9
400	500	8	10	15	20	27	40	63	97	155	250	400	0.63	0.97	1.55	2.50	4.00	6.3	9.7
500	630	9	11	16	22	32	44	70	110	175	280	440	0.7	1.1	1.75	2.8	4.4	7	11
630	800	10	13	18	25	36	50	80	125	200	320	500	0.8	1.25	2	3.2	5	8	12.5
800	1000	11	15	21	28	40	56	90	140	230	360	560	0.9	1.4	2.3	3.6	5.6	9	14
1000	1250	13	18	24	33	47	66	105	165	260	420	660	1.05	1.65	2.6	4.2	6.6	10.5	16.5
1250	1600	15	21	29	39	55	78	125	195	310	500	780	1.25	1.95	3.1	5	7.8	12.5	19.5
1600	2000	18	25	35	46	65	92	150	230	370	600	920	1.5	2.3	3.7	6	9.2	15	23
2000	2500	22	30	41	55	78	110	175	280	440	700	1100	1.75	2.8	4.4	7	11	17.5	28
2500	3150	26	36	50	68	96	135	210	330	540	860	1350	2.1	3.3	5.4	8.6	13.5	21	33

表 3-6　公差等级的主要应用

公差等级	主要应用
IT01、IT1	一般用于精密标准量块，IT1 也用于检验 IT6、IT7 级轴用量规的校对量规
IT2、IT3	用于检验 IT5、IT6 级量规的尺寸公差
IT3～IT5（孔为 IT6）	用于精度要求很高的重要配合，配合公差很小，对加工要求很高，应用较少
IT6（孔为 IT7）	用于机床、发动机和仪表中的重要配合，配合公差很小，一般通过精密加工即能够实现，在精密机械中应用广泛
IT7、IT8	用于机床和发动机中不太重要的配合，也用于重型机械、农业机械、机车车辆等的重要配合，配合公差中等，加工易于实现，在一般机械中应用广泛
IT9、IT10	用于一般要求或长度精度要求较高的配合
IT11、IT12	用于没有严格要求、只要求连接的配合，如螺栓与螺母的配合

表 3-7 配合类型选择的依据

		永久结合		较大过盈的过盈配合
无相对运动	要传递转矩	可拆结合	要求精确同轴	较小过盈配合、过渡配合或基本偏差为 H（h）的间隙配合加紧固件
			不需精确同轴	间隙配合加紧固件
	不需传递转矩，要精确同轴			过渡配合或小过盈配合
	只有移动			基本偏差为 H（h）、G（g）的间隙配合
有相对运动	转动或转动和移动的复合运动			基本偏差为 A～F（a～f）的间隙配合

表 3-8 尺寸至 500 mm 优先配合的特征及应用

优先配合		配合特性及应用
基孔制	基轴制	
H11/c11	C11/h11	间隙非常大，用于很松、转动很慢的间隙配合，或用于装配方便、很松的配合
H9/d9	D9/h9	间隙很大的自由转动配合，用于精度为非主要要求时，或有大的温度变化、高转速或大的轴颈压力时的配合
H8/f7	F8/h7	间隙不大的转动配合，用于中等转速与中等轴颈压力的精确转动，也用于装配较容易的中等定位配合
H7/g6	G7/h6	间隙很小的滑动配合，用于不希望自由转动，但可自由移动和滑动。精密定位时，也可用于要求明确的定位配合
H7/h6、H8/h7、H9/h9	H7/h6、H8/h7、H9/h9	均为间隙定位配合，零件可自由装拆，工作时一般相对静止不动，在最大实体条件下的间隙为零，在最小实体条件下的间隙由标准公差等级决定
H7/k6	K7/h6	过渡配合，用于精密定位
H7/n6	N7/h6	过渡配合，用于允许有较大过盈的更精密定位
H7/p6	P7/h6	过盈定位配合，即小过盈配合，用于定位精度特别重要时，能以最好的定位精度达到部件的刚性及对中性要求
H7/s6	S7/h6	中等压入配合，适用于一般钢件，也用于薄壁件的冷缩配合。用于铸铁件可得到最紧的配合
H7/u6	U7/h6	压入配合，适用于可以承受大压入力的零件，或不宜承受大压入力的冷缩配合

3.3 配合零件手工检测模拟演练

3.3.1 测量准备工作

3.3.1.1 检查工具

检查双手、防污物品、工量检具，戴好防护手套，如图 3-9 所示。

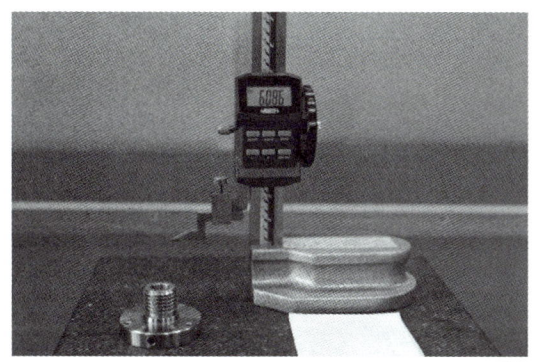

图 3-9 准备工作

3.3.1.2 检查数显高度卡尺

1）检查外观

高度尺的表面不应有锈蚀、碰伤或其他缺陷。刻线和数字应清晰、均匀，不应有脱色现象，游标刻线应刻至斜面下边缘。高度尺上应标有分度值、工厂标志和出厂编号，如图 3-10 所示。

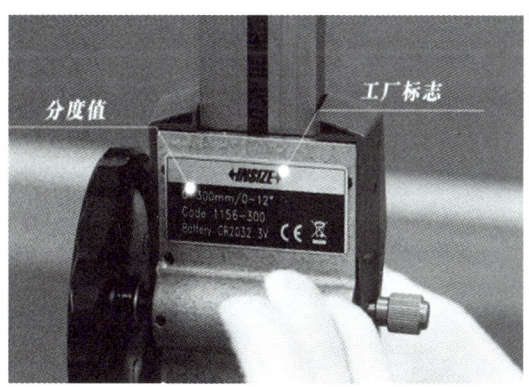

图 3-10 检查外观

2）检查各部分的相互作用

尺框沿尺身移动应平稳，无卡滞、晃动，尺框不应有因自重而自动下滑现象。紧固螺钉的作用应可靠。微动装置的空程，应不超过 1/2 转。底座放置于平板上应稳固，如图 3-11 所示。

3）校对"0"位

擦净1级平板与高度尺的底座工作面，将高度尺底座放在平板上，装上测量爪，一只手压着底座，另一只手把尺框慢慢往下推，使量爪的下测量面与平板轻轻接触，看游标的"0"刻线与尺身的"0"刻线以及尾刻线是否与尺身的相应刻线对齐，若不对齐则应调整游标尺框，使其不松旷，若仍然不能对"0"时，应检查调修，如图3-12所示。

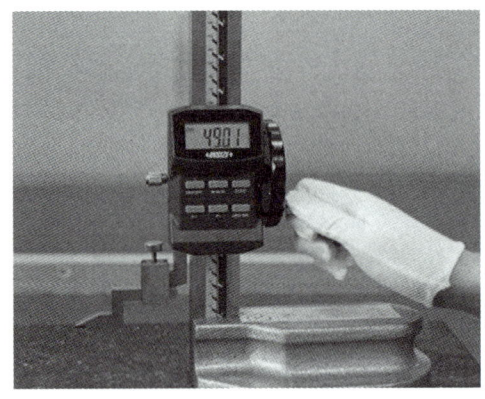
图3-11 检查各部分的相互作用

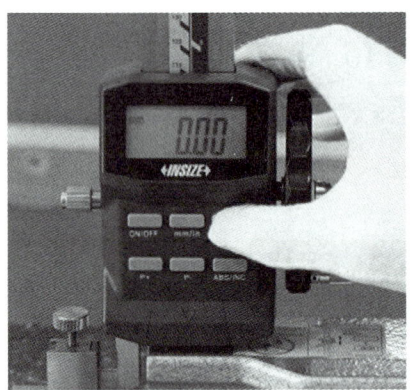
图3-12 校对"0"位

3.3.1.3 检查塞尺

1）检查外观

塞尺应无锈蚀、划伤、缺损及明显磨耗。被测表面无铁屑、毛刺，如图3-13所示。

2）检查各部分的相互作用

塞尺与护夹板的连接应可靠，塞尺绕连接件转动应灵活，不得有松动和卡滞现象。

图3-13 塞尺

3.4 实战操作

第一步：制定检测方案，填写表 3-9。

表 3-9 检测方案

检测卡片		产品型号			零件名称	
		产品名称			零件图号	
工序号	工序名称	检测项目	技术要求	检测手段	检测方案	检测操作要求

第二步：完成测量，并将有关几何尺寸数据填入表 3-10 中。

表 3-10 测量记录表

图纸要求	计量器具	实测数据			平均值	结论
		1	2	3		

第三步：完成测量，并将有关形位公差数据填入表 3-11 中。

表 3-11　测量记录表

图纸要求	计量器具	实测数据			平均值	结论
		1	2	3		

3.5　思考题

想一想，深度内测卡尺可以怎么用？

知识拓展

一、内测千分尺

（一）内测千分尺结构

内测千分尺是利用螺旋副原理，对固定测量爪与活动测量爪之间的分隔距离进行读数的内尺寸测量工具。

内测千分尺由测量爪、固定套筒、微分筒、测微螺杆和测力装置等组成，如图 3-14 所示。当旋转微分筒棘轮时，导向管带着活动量爪做直线移动，改变两个量爪测量面之间的距离，从而达到测量目的。

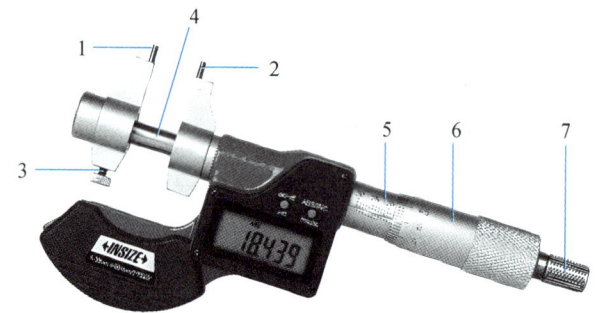

1—固定测量爪；2—活动测量爪；3—锁紧螺钉；4—测微螺杆；5—固定套筒；6—微分筒；7—测力装置。

图 3-14　内测千分尺

（二）内测千分尺规格和测量范围

国产内测千分尺常见规格分为 5～30 mm、25～50 mm 两种，分度值为 0.01 mm，示值误差不大于 0.008 mm。

（三）内测千分尺读数方法

先将两个测量爪之间的距离调整到比被测孔径公称值略小，然后将两个测量爪伸进孔内，左手的拇指和食指捏住测量爪的根部，小指和无名指托住活动测量爪的根部，右手旋转微分筒，当量爪测量面快要与孔壁接触时，旋转棘轮，棘轮发出"咔咔"声，即可读数，读数方法与千分尺相同。

内测千分尺与游标卡尺一样，由于它的构造不符合阿贝原理，所以测量时尽量使量爪的整个母线工作，这样测量才准确。

（四）内测千分尺的使用与保养

（1）使用完毕，用干净棉布擦净内测千分尺的各部位，用小毛刷在测量爪表面薄涂一层润滑油，然后放入量具盒保存。

（2）相对湿度90%以上或两天以上不用，不仅在测量爪表面，还要在测微螺杆上涂防锈油，两测量面之间的距离为1 mm左右。

（3）读数时应注意：内测千分尺与外径千分尺的读数方法相同，但由于其固定套筒和微分筒的刻线方向相反，因此读数方向也相反。

（4）不得将内测千分尺当作卡板使用，这会使测量不准确和加速磨损。

（5）内测千分尺后盖松动时，拧紧后须校对"0"位再用；不允许在内测千分尺的固定套筒和微分筒之间注入机油和煤油。

（6）内测千分尺不允许摆放在振动的机床上；送检时，手推车上应垫以泡沫塑料或软布减震。

（7）内测千分尺不允许摆放在环境存在强磁力的位置以及酸性氛围和潮湿的地方。

（8）内测千分尺应定置摆放，不允许与工具（榔头、钳子等）、刀具、零件等杂物混放；不允许与其他量具触碰、叠放。

（9）内测千分尺应按计量器具周期检定计划送检，检定合格后才能使用。

技术练兵

一、填空题

1. 孔的尺寸减去相配合轴的尺寸所得的代数差若为正值，则是_____，用_____表示；若为负值，则是_____，用_____表示。

2. 国家标准中规定了_____和_____两种基准制。

3. 基孔制配合中的孔称为基准孔，基本偏差代号为_____，基本偏差是_____极限偏差，数值为_____。

4. 基轴制配合中的轴称为基准轴，基本偏差代号为_____，基本偏差是_____极限偏差，数值为_____。

5. 配合公差是允许_____或_____的变动量，用_____表示。

6. 国家标准规定的基孔制配合共_____种，其中优先配合_____种；基轴制配合共_____种。

7. 选择公差等级的目的是解决零件的_____要求与_____之间的矛盾。

8. 配合的选择是在确定了基准制的基础上，根据使用要求选择配合类型，进而确定_____基本偏差代号的过程。

9. 数显高度卡尺按测量精度分为_____mm，测量范围一般为_____mm、_____mm、_____mm及_____mm。

10. 常见塞尺测量范围一般为_____mm，其厚度精度很高，例如0.1～0.3 mm塞尺，厚度偏差为_____mm，弯曲度等于或小于_____mm。

二、选择题

1. 以下属于间隙配合的是（　　）。

　　A. 轴公差带在孔公差带之上　　　　B. 孔公差带在轴公差带之上

C. 孔与轴公差带相互交叠　　　　　　　　D. 不确定

2. 基孔制常用于（　　）。
   A. 加工轴比加工孔困难的场合　　　　　B. 结构或工艺上不易采用基轴制的场合
   C. 所有机械零件的配合　　　　　　　　D. 以上都不对

3. 公差等级选择的原则是（　　）。
   A. 越高越好
   B. 越低越好
   C. 在满足使用要求的前提下，尽量选用较低的公差等级
   D. 根据经验随意选择

4. 以下适用于需要精确同轴且可传递转矩的场合的是（　　）。
   A. 间隙配合　　　B. 过渡配合　　　C. 过盈配合　　　D. 以上都可以

5. 数显高度卡尺校"0"位时，需将高度尺底座放在（　　）上。
   A. 工作台　　　B. 1级平板　　　C. 任意平面　　　D. 测量工件表面

6. 塞尺测量时，若没有合适厚度的尺片，组合使用时最好不超过（　　）片。
   A. 2　　　B. 3　　　C. 4　　　D. 5

7. 内测千分尺的分度值为（　　）。
   A. 0.01 mm　　　B. 0.02 mm　　　C. 0.1 mm　　　D. 0.5 mm

8. 滚动轴承内圈与轴的配合一般采用（　　）。
   A. 基孔制　　　B. 基轴制　　　C. 混合制　　　D. 不确定

9. 当 EI－es <0 且 ES－ei> 0 时，此配合为（　　）。
   A. 间隙配合　　　B. 过渡配合　　　C. 过盈配合　　　D. 无法确定

10. 以下配合代号中，属于过盈配合的是（　　）。
    A. H7/g6　　　B. H7/h6　　　C. H7/s6　　　D. H7/f6

三、判断题

1. 间隙配合中，孔的公差带一定在轴的公差带之上。（　　）
2. 基轴制配合中，轴的公差带位置是固定不变的。（　　）
3. 公差等级越高，零件的加工成本一定越高。（　　）
4. 数显高度卡尺使用时，测量力大小对测量精度没有影响。（　　）
5. 塞尺可以测量高温零部件的间隙。（　　）
6. 内测千分尺测量时，量爪的整个母线工作时测量更准确。（　　）
7. 配合代号中，分子表示轴的公差带代号，分母表示孔的公差带代号。（　　）
8. 过渡配合可能出现零间隙或零过盈。（　　）
9. 所有机械零件的配合都必须严格按照国家标准规定的配合选择。（　　）
10. 数显高度卡尺使用完毕，应将尺框移至最高位置。（　　）

四、简答题

1. 简述基孔制和基轴制的特点。

2. 如何根据使用要求选择合适的配合类型？

3. 数显高度卡尺的使用注意事项有哪些？

4. 塞尺的读数方法是怎样的？

5. 内测千分尺的读数方法与外径千分尺有何异同？

6. 简述配合公差的计算方法。

7. 公差等级的选择方法有哪些？

8. 举例说明间隙配合、过渡配合和过盈配合在实际中的应用。

9. 简述数显高度卡尺的结构原理。

10. 如何对内测千分尺进行保养？

学习任务四　锥类零件检测

【学习目标】

◇ 能独立领取、阅读及核对检测任务通知单内容，明确检测任务。
◇ 能根据检测图纸要求查阅资料，完成锥度图样的分析，选取和校验量具。
◇ 能依据工量具使用规范，完成零件几何尺寸、直线度、圆柱度、圆度和表面粗糙度的基本参数检测。
◇ 能完成检测数据结果的整理及归纳汇总，规范填写尺寸检测报告。
◇ 能按照工量具和检测仪器的保养要求，完成游标卡尺、千分尺、万能角度尺、刀口尺和粗糙度仪的常规维护保养。
◇ 能依据现场管理规范，完成工作现场的清理整顿，达到现场管理要求。

【考核要点】

根据锥类零件检测图样，使用万能角度尺等量具，以手工检测方式完成检测表中标注尺寸的检测，并输出尺寸检测报告。

【建议学时】

18 学时。

【工作流程】

 →  →  →

接受任务　　　　检测前准备　　　　零件检测　　　　尺寸评价

| 1. 能正确领取、阅读、核对检测任务通知单。
2. 分析样品检测图纸。
3. 能与质量经理进行有效沟通，明确零件检测项目要求。 | 1. 能依据企业实际检测条件，制定检测工艺方案。
2. 能正确阅读作业指导书，确认检测标准。
3. 能根据零件特征，正确选择、校验检测器具。 | 1. 能规范、熟练使用工量器具，完成零件尺寸、锥度、几何公差检测。
2. 记录检测数据。
3. 能正确对工量具进行保养、检查和收纳。 | 1. 能对检测数据结果进行归纳汇总。
2. 能分析并解决质量分析过程中的问题。
3. 能按照工作成果总结的要求，完成质量分析。 |

学习任务四　工　单						
零件名称		工时		18学时	班组	
检验员						
责任部门		检测中心编码			日期	
量具、量仪						
学习任务						
任务目标						

知识与技能	
实施过程	
尺寸评价	

成绩评定		
组内互评成绩	A（　）、B（　）、C（　）	教师评定成绩 （A、B、C三等）
本人评定成绩	A（　）、B（　）、C（　）	

4.1 检测任务描述

顶尖主要用于机械中旋转体的精确固定，与锥形内孔配合，利用摩擦力传递扭矩，保证配合精准定位、使用时便于拆卸。现有一家机械制造公司生产了一批莫氏锥柄（见图 4-1），共 100 件，均需要采用正弦规、百分表、偏摆仪等工量器具对锥柄的锥度、圆度、圆柱度、对称度进行检测（见表 4-1）。按照零件类型差异，此任务属于锥体零件的检测。该项工作由教师下达任务，要求学生独立完成检测。

表 4-1 检测项目

序号	尺寸描述	尺寸要求	公差	上极限尺寸	下极限尺寸
1	外径	$\phi 90$	—	—	—
2	外径	$\phi 60^{+0.100}_{-0.000}$	0.1	60.1	60
3	外径	$\phi 30^{+0.100}_{-0.000}$	0.1	30.1	30
4	内螺纹	M20-6H	—	—	—
5	长度	$54^{+0.000}_{-0.200}$	0.2	54	53.8
6	锥度	1∶19.002	—	—	—
7	锥度	60°	—	—	—
8	圆度	—	0.05	—	—
9	圆柱度	—	0.005	—	—
10	对称度	—	0.015	—	—
11	直线度	—	0.03	—	—
12	粗糙度（3 处）	$Ra1.6$	—	—	—
13	粗糙度	$Ra0.8$	—	—	—
14	粗糙度	$Ra3.2$	—	—	—

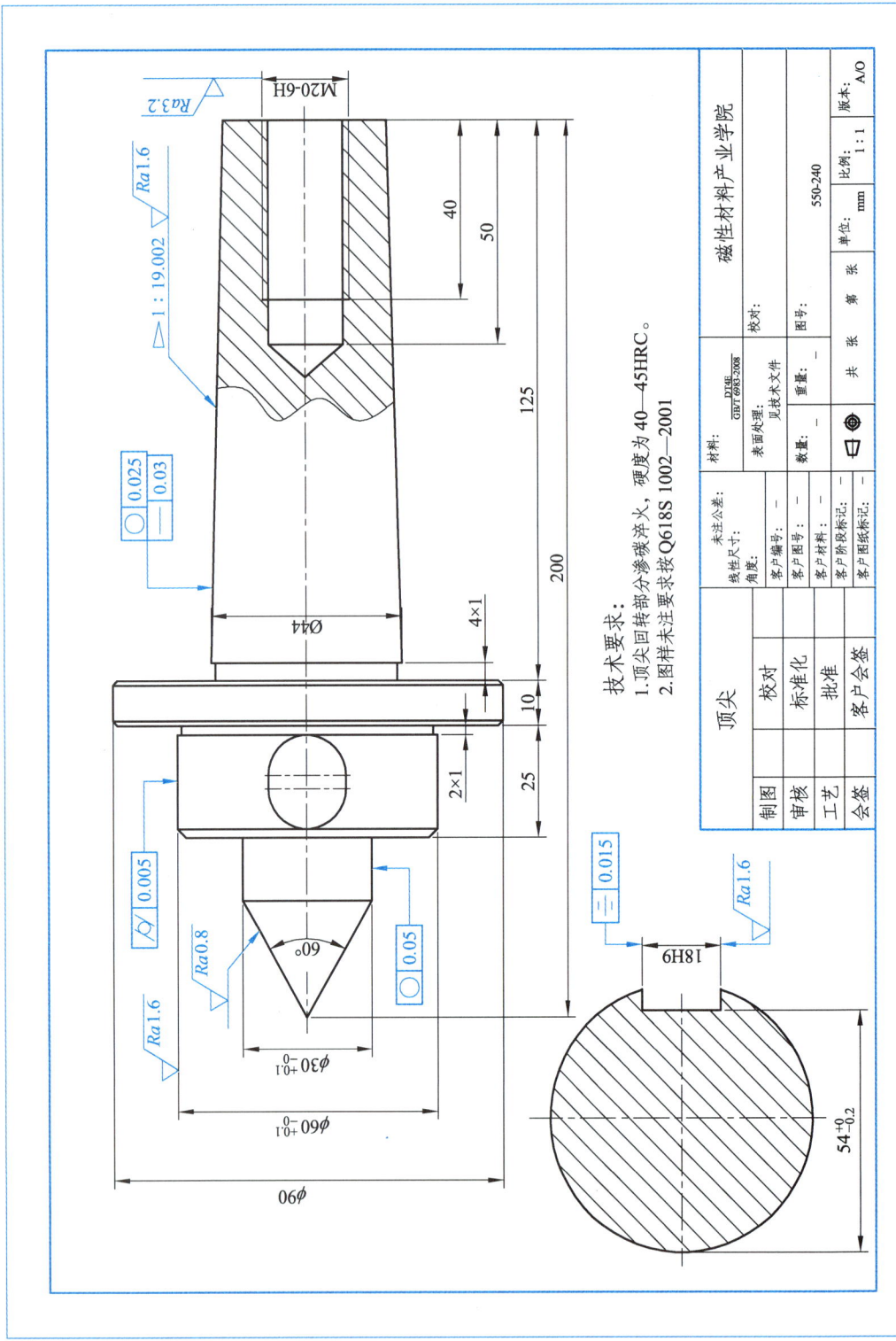

图 4-1 莫氏锥柄零件图

4.2 量具配置准备

4.2.1 量具配置清单（见表 4-2）

表 4-2　量具配置清单

名称	规格	数量
游标角度尺	0～150 mm/0.02 mm	1 把
刀口尺直尺	0～25 mm/0.01 mm	1 把
粗糙度仪	—	1 台
磁力表座	—	1 台
百分表	0.01 mm	1 个

4.2.2 游标万能角度尺

4.2.2.1 游标万能角度结构

万能角度尺又被称为角度规、游标角度尺和万能量角器，它是利用游标读数原理来直接测量工件角或进行划线的一种角度量具，主要用于较低精度零件的测量，由尺身、90°角尺、游标、制动器、基尺、直尺、卡块等组成，如图 4-2 所示。

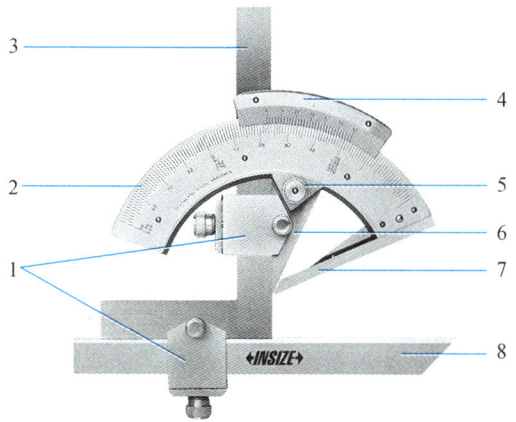

1—卡块；2—主尺；3—直角尺；4—游标；5—制动头；6—扇形板；7—基尺；8—直尺。

图 4-2　游标万能角度尺

 知识搜索

一、零件直线度公差

（一）直线度含义

直线度是限制被测实际直线对理想直线变动量的一项指标，用来保证零件上相关直线的形状精度。其是限制实际直线对理想直线变动量的一种形状公差，由形状（理想包容形状）、大小（公差值）、方向、位置 4 个要素组成。用于限制一个平面内的直线形状偏差，限制空间直线在某一方向上的形状偏差，限制空间直线在任一方向上的形状偏差。直线度符号用"—"表示。

（二）直线度公差示例（见表 4-3）

表 4-3　直线度公差示例

示例	含义
给定平面内的直线度	
	在给定平面内，公差带是距离为公差值 t 的两平行直线之间的区域
给定方向上的直线度	
	在给定方向上，公差带是距离为公差值 t 的两平行平面之间的区域
给定圆柱面内的直线度	
	如在公差值前加注 ϕ，则公差带是直径为 t 的圆柱面内的区域

4.2.2.2 游标万能角度尺规格和测量范围

万能角度尺的游标分度值常见有 2′和 5′两种，测量范围为 0°~320°，测量内角为 40°~220°，示值允许误差：Ⅰ型±2′；Ⅱ型±5′。

4.2.2.3 游标万能角度尺读数原理

万能角度尺是用来测量工件内、外角度的量具。万能角度尺的读数机构是根据游标原理制成的。主尺刻线每格为 1°。游标的刻线是取主尺的 29°等分为 30 格。

4.2.2.4 游标万能角度尺读数方法

先读出游标 "0" 线前的角度是几度，再从游标上读出角度 "分" 的数值，两者相加就是被测零件的角度数值。在万能角度上，基尺是固定在尺座上的，角尺是用卡块固定在扇形板上的，可移动尺是用卡块固定在角尺上的。若把角尺拆下，也可把直尺固定在扇形板上。由于角尺和直尺可以移动和拆换，使万能角度尺可以测量 0°~320°的任何角度。组件安装与测量范围的关系如表 4-4 所示。

表 4-4 组件安装与测量范围的关系

组件	测量范围
角尺和直尺	0°~50°外角度
直尺	50°~140°
角尺	140°~230°
无	230°~320° 即 40°~130°内角度

万能量角尺的尺座上，基本角度的刻线只有 0°~90°，如果测量的零件角度大于 90°，则在读数时，应加上一个基数（90°、180°、270°）。若零件角度为 90°~180°，被测角度 = 90°+量角尺读数；若为 180°~270°，被测角度 = 180°+量角尺读数；若为 270°~

（三）影响直线度公差的因素

（1）切削刀具磨损。切削刀具的磨损会导致切削力不均匀，进而影响原材料的直线度。刀具的磨损程度越大，切削过程中的振动和偏差就可能越大，从而增加直线度的误差。

（2）机床振动。加工过程中机床的微小振动也可能对直线度产生显著影响。机床的稳定性不足或加工参数设置不当都可能导致振动加剧，进而影响加工精度。

（3）材料特性。不同材料的密度、硬度、弹性等物理属性差异会影响其加工过程中的直线度。例如，硬度较高的材料在切削过程中可能更容易产生变形或裂纹，从而影响直线度。

（4）热处理状态。材料的热处理状态也会影响其直线度。热处理可以改变材料的内部组织结构和应力状态，进而影响其加工性能和直线度精度。

（5）温度。工作区域的温度波动可能导致机床和原材料的热变形，从而影响直线度。高温可能导致机床精度下降，而低温则可能使原材料变脆或产生裂纹。

（6）切削速度、进给量和切削深度。这些工艺参数的合理选择对直线度有重要影响。切削速度过快或过慢、进给量过大或过小、切削深度过深或过浅都可能导致加工过程中的振动和偏差增加，从而影响直线度。

（7）刀具选择和安装。刀具的选择和安装方式也会影响直线度。合适的刀具和正确的安装方式可以减少切削过程中的振动和偏差，提高直线度精度。

（8）测量方法。直线度的测量方法直接影响其测量结果的准确性。不同的测量方法可能具有不同的精度和适用范围，因此需要根据具体情况选择合适的测量方法。

（9）测量设备。测量设备的精度和稳定性对直线度的测量结果也有重要影响。高精

320°，被测角度 = 270°+量角尺读数。

注：用万能角度尺测量零件角度时，应使基尺与零件角度的母线方向一致，且零件应与量角尺的两个测量面的全长上接触良好，以免产生测量误差。

4.2.2.5 游标万能角度尺使用方法

测量时，根据产品被测部位的情况，先调整好角尺或直尺的位置，用卡块上的螺钉把它们紧固住，再来调整基尺测量面与其他有关测量面之间的夹角。这时，要先松开制动头上的螺母，移动主尺作粗调整，然后再转动扇形板背面的微动装置作细调整，直到两个测量面与被测表面密切贴合为止。然后拧紧制动器上的螺母，把角度尺取下来进行读数。

1）测量 0°～50°的角度

角尺和直尺全都装上，产品的被测部位放在基尺各直尺的测量面之间进行测量。

2）测量 50°～140°的角度

方法一：把角尺卸掉，把直尺装上去，使它与扇形板连在一起，工件的被测部位放在基尺和直尺的测量面之间进行测量。

方法二：可以不拆下角尺，只把直尺和卡块卸掉，再把角尺拉到下边来，直到角尺短边与长边的交线和基尺的尖棱对齐为止，把工件的被测部位放在基尺和角尺短边的测量面之间进行测量。

3）测量 140°～230°的角度

把直尺和卡块卸掉，只装角尺，但要把角尺推上去，直到尺短边与长边的交线和基尺的尖棱对齐为止。把工件的被测部位放在基尺和角尺短边的测量面之间进行测量。

4）测量 230°～320°的角度

把角尺、直尺和卡块全部卸掉，只留下扇形板和主尺（带基尺），把产品的被测部位放在基尺和扇形板测量面之间进行测量。

度的测量设备可以更准确地反映原材料的直线度情况。

影响直线度公差的因素是多方面的，包括机械切削、原材料材质、环境、工艺参数以及检测与测量等因素。在实际加工过程中，需要综合考虑这些因素并采取相应的措施来减小直线度误差，提高加工精度。

（四）直线度公差示例（见表 4-5）

表 4-5　直线度公差示例

示例	解析
	被测表面的素线必须位于平行于图样所示投影面而且距离为公差值 0.1 的两平行直线内
	被测圆柱面的任一素线必须位于距离为公差值 0.1 的两平行平面之间
	被测圆柱面的轴线必须位于直径为公差值 $\phi 0.08$ 的圆柱面内

二、圆度、圆柱度公差

（一）圆度公差含义

圆度公差是限制实际圆对理想圆的变动量的一项指标，用来控制回转体表面（如圆柱面、圆锥面、球面等）正截面轮廓的形状精度。圆度符号用"○"表示。

（二）圆柱度公差含义

圆柱度公差是限制实际圆柱面对理想圆

4.2.2.6 万能角度尺的使用与保养

① 使用前，擦净角度尺。检查万能角度尺的测量面是否有锈迹或毛刺；活动件应灵活、平稳，能固定在规定的位置。

② 将游标的"0"刻线对准主尺的"0"刻线，游标的尾线对准主尺相应刻线，再拧紧螺丝。操作时，先松开制动器上的螺母，移动主尺进行粗调整，然后转动游标背面的把手进行细调整，直至万能角度尺的两测量面与被测工件的表面紧密接触，最后拧紧制动器上的螺母并读数。

③ 测量完毕，松开紧固件，取下直尺、直角尺和卡块等，涂防锈油，装入专用盒内。

④ 角度尺测量完毕，若短时间内还要用，可将角度尺用绸布擦净，放入量具盒内。

⑤ 应按计量器具周期检定计划送检，检定合格后才能使用。

视频：万能角度尺测量方法

4.2.3 刀口形直尺

4.2.3.1 刀口形直尺检验方法

刀口形直尺主要用于光隙法或涂色法检测精密平面的直线度和平面度，结构如图4-3所示，间隙小于 0.5 μm。

① 当不透光时，间隙小于 0.5 μm。

② 当为蓝色时，间隙约 0.8 μm。

③ 当为红蓝色时，间隙为 1.25 ~ 1.75 μm。

④ 当为白色（日光色）时，间隙约 2.5 pm。

柱面变动量的一项指标，用于对圆柱面所有正截面和纵截面上的轮廓提出综合形状精度要求。它控制了圆柱横截面和纵截面内的各项形状公差，如圆度、轴线直线度和素线直线度等。使用时，一般标注了圆柱度就没有必要标注圆度和直线度了。

（三）圆度、圆柱度公差示例（见表4-6）

表4-6 圆度、圆柱度公差示例

示例	含义
圆度	
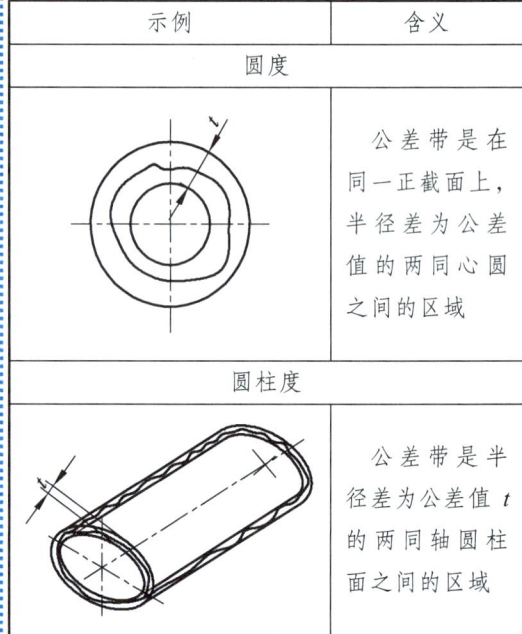	公差带是在同一正截面上，半径差为公差值的两同心圆之间的区域
圆柱度	
	公差带是半径差为公差值 t 的两同轴圆柱面之间的区域

（四）影响圆度、圆柱度公差的因素

（1）加工精度：是影响圆度和圆柱度公差最直接的因素。加工过程中的各种误差，如机床的精度、刀具的磨损、切削力的变化等，都会导致工件形状和尺寸的偏差。因此，提高加工精度是减小圆度和圆柱度公差的有效途径。

（2）工艺设计：也是影响圆度和圆柱度公差的重要因素。合理的工艺设计可以减小加工过程中的误差，提高工件的形状和尺寸精度。例如，采用合适的切削参数、刀具路径

图4-3 刀口形直尺

4.2.3.2 用刀口形直尺检测直线度误差

① 刀口形直尺检测直线度主要适用于磨削或研磨加工的小平面及短圆柱件。

② 测量时,先将刀口形直尺与实际被测直线接触,再调整刀口形直尺使最大光隙为最小,最后根据光隙的大小确定直线度误差。

4.2.3.3 刀口形直尺保养

① 清洁工具:使用干净的布轻轻擦拭刀口形直尺的表面,避免使用化学溶剂和剧烈的机械刮擦,以免损坏其表面。

② 清洁时机:最好在使用前和使用后都进行清洁,确保测量面的清洁度。

③ 检查内容:定期检查刀口形直尺的测量面是否有划痕、碰伤、锈蚀等缺陷,以及是否有变形或裂纹。

④ 处理措施:一旦发现上述问题,应立即停止使用,并进行修理或更换,以保证测量的准确性。

⑤ 存储环境:刀口形直尺应存储在干燥、无尘、无光线的地方,避免受潮、受污染和受光老化。

⑥ 存放方式:建议将其放在防尘盒内,避免与其他物品摩擦,以免刮伤表面。

⑦ 防锈处理:在刀口形直尺的使用前和使用后,可以涂上一层防锈液,以防止其表面因氧化而腐蚀、变色或驳杂。

和夹具方式等,都可以对圆度和圆柱度公差产生积极的影响。

(3)测量误差:也是影响圆度和圆柱度公差的因素之一。在测量过程中,由于测量仪器、测量方法和测量条件等因素的影响,会产生一定的测量误差。这些误差会直接影响圆度和圆柱度公差的评定结果。因此,在测量过程中需要采取相应的措施来减小测量误差,提高测量精度。

(五)圆度、圆柱度公差示例(见表4-7)

表4-7 圆度、圆柱度公差示例

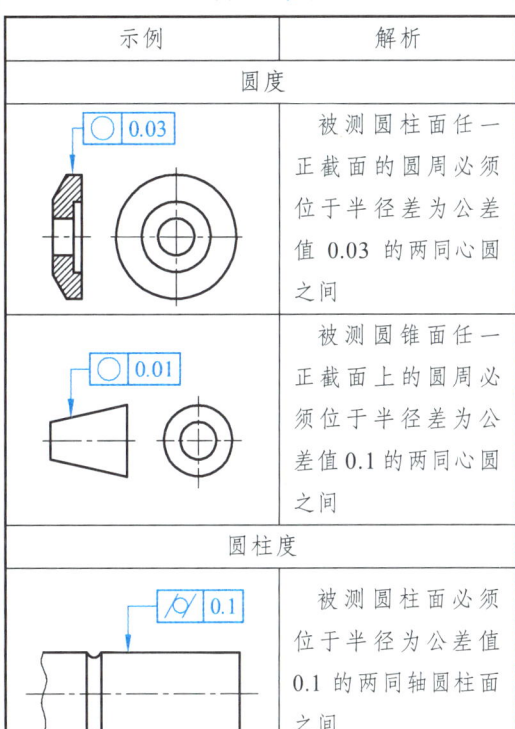

示例	解析
圆度	
○ 0.03	被测圆柱面任一正截面的圆周必须位于半径差为公差值0.03的两同心圆之间
○ 0.01	被测圆锥面任一正截面上的圆周必须位于半径差为公差值0.1的两同心圆之间
圆柱度	
⌀ 0.1	被测圆柱面必须位于半径为公差值0.1的两同轴圆柱面之间

三、表面粗糙度

(一)表面粗糙度含义

表面粗糙度是指加工表面具有的较小间距和微小峰谷的不平度,其两波峰或两波谷之间的距离(波距)很小,通常在1mm以

4.2.4 粗糙度仪

4.2.4.1 粗糙度仪结构

粗糙度仪也被称为粗糙度计或粗糙度调度器，是一种高精度表面粗糙度测量仪器，广泛应用于各种金属与非金属的加工表面检测，具有测量精度高、测量范围宽、操作简便、便于携带以及工作稳定等特点，如图 4-4 所示。

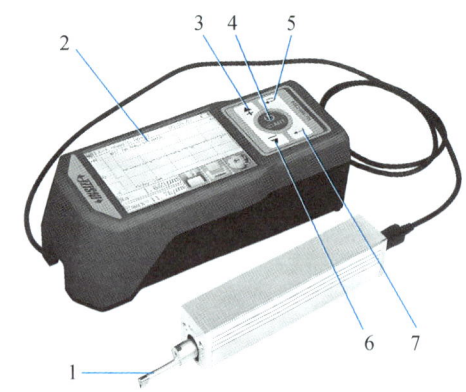

1—测针；2—显示屏；3—向上选择键；4—测量启动键；
5—确认键；6—向下选择键；7—退出键

图 4-4　粗糙度仪

4.2.4.2 粗糙度仪规格和测量范围

1）粗糙度仪规格

测量参数：常见的测量参数包括 Ra（轮廓算术平均偏差）、Rz（微观不平度十点高度）、Rq（均方根偏差）、Rt（总高度）等。不同型号的粗糙度仪可能支持的测量参数有所不同，但通常都会包括上述几种或其中的几种。

取样长度和评定长度：取样长度是评定表面粗糙度所规定的一段基准线长度，常见的有 0.25 mm、0.8 mm、2.5 mm 等。评定长度则是由若干个取样长度组成的用于评定轮廓所必需的一段长度，一般为取样长度的整数倍。

下，因此它属于微观几何形状误差。表面粗糙度越小，则表面越光滑。这一参数一般是由所采用的加工方法和其他因素所形成的。例如加工过程中刀具与零件表面间的摩擦、切屑分离时表面层金属的塑性变形以及工艺系统中的高频振动等。

（二）表面粗糙度对零件性能的影响

（1）影响零件的耐磨性。
（2）影响配合性质的稳定性。
（3）影响零件的疲劳强度。
（4）影响零件的抗腐蚀性。
（5）影响零件的密封性。

（三）表面粗糙度的基本术语

（1）取样长度 Lr：评定表面粗糙度所规定的一段基准线长度。应与表面粗糙度的大小相适应，一般在一个取样长度内应包含 5 个以上的波峰和波谷。

（2）评定长度 Ln：为了全面、充分地反映被测表面的特性，在评定或测量表面轮廓时所必需的一段长度。评定长度可包括一个或多个取样长度，表面不均匀的表面，宜选用较长的评定长度，评定长度一般按 5 个取样长度来确定。

（3）轮廓中线 m：评定表面粗糙度的一段参考基准线（见图 4-5）。

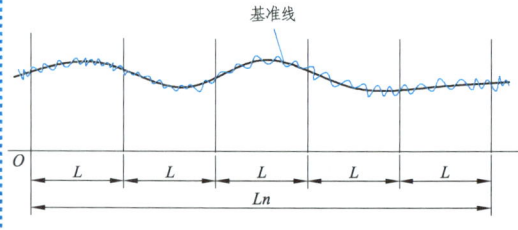

图 4-5　基准线（轮廓中线 m）

（4）轮廓的最小二乘中线：在取样长度内，使轮廓上各点至该线的距离平方和为最小（见图 4-6）。

2）测量范围

Ra/Rq 的测量范围：一般为 0.005～16 μm 或类似的范围，具体取决于仪器的精度和型号。

$Rz/Rz3/Ry/Rt/Rp/Rm$ 的测量范围：这些参数的测量范围通常比 Ra/Rq 更大，一般为 0.02～160 μm 或类似的范围。

4.2.4.3　粗糙度仪的使用

① 检查仪器：确认粗糙度仪完好无损，电池电量充足。检查仪器上的传感器和探头是否清洁无尘，确保测量精度。

② 准备测试样本：选择一个具有代表性的样本表面，确保其干净、平整、无杂质。将样本放置于稳定的测量台上，确保测量时不会移动或晃动。

③ 开机：打开粗糙度仪的电源开关，等待仪器启动。有些手持式粗糙度仪可能需要短暂的自检过程，请耐心等待。

④ 设置测量参数：根据测量需求，设置合适的测量参数，如取样长度、评定长度、测量速度等。这些参数通常在仪器的操作界面上进行设置。

⑤ 校准准备：将表面粗糙度标准片和粗糙度仪按照仪器的校准程序进入校准模式，置于用于校正的工作台上。

⑥ 执行校准：将显示的校正值与标准片的标准值进行比较，如有差异则进行调整。完成校准后，保存校准结果并退出校准模式。

⑦ 放置探头：将探头轻轻放置在测试样本表面，确保表面接触良好，避免产生干扰和误差。

⑧ 开始测量：根据仪器的操作界面，选择测量模式，并按下开始测量按钮。仪器将开始扫描样本表面，并采集粗糙度数据。在测量过程中，保持仪器稳定，避免振动和晃动。

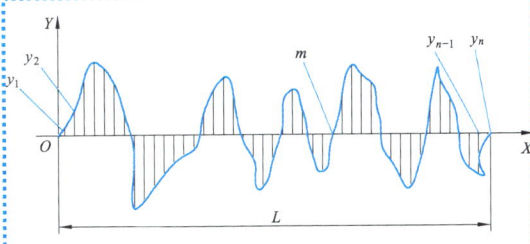

图 4-6　轮廓的最小二乘中线

（5）轮廓的算术平均中线：在取样长度内，将实际轮廓划分为上下两部分，且使上下面积相等的直线（见图 4-7），即 $F_1+F_2+\cdots+F_n = G_1+G_2+\cdots+G_m$。

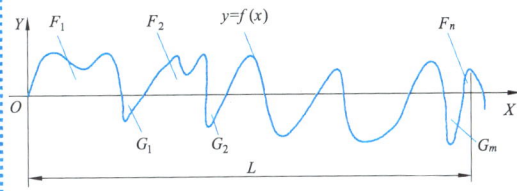

图 4-7　轮廓的算术平均中线

（四）表面粗糙度的评定参数

1. 幅度参数

（1）轮廓的算术平均偏差 Ra。在取样长度内，被测实际轮廓上各点至轮廓中线距离绝对值的算术平均值，即 Ra 值越大，则表面越粗糙。

$$Ra = \frac{1}{l}\int_0^l |y(x)|dx \quad Ra = \frac{1}{n}\sum_{i=1}^{n}|y_i|$$

（2）轮廓的最大高度 Rz。在取样长度内，轮廓的峰顶线和谷底线之间的距离。峰顶线和谷底线平行于中线且分别通过轮廓最高点和最低点，即

$$Rz = |yp_{\max}| + |yv_{\max}|$$

2. 间距参数

轮廓单元的平均宽度 RS_m：指在一个取样长度内，轮廓单元宽度 Xs 的平均值。

4.2.4.4 粗糙度仪的维护

① 结束测量：测量完成后，将检测器升到安全位置后退出程序，关闭仪器电源。

② 仪器维护：清洁探头和传感器，确保其无尘无污。将仪器存放在干燥、通风的地方，避免阳光直射和潮湿环境。

视频：粗糙度仪的测量方法

$$RS_m = \frac{1}{m}\sum_{i=1}^{m}|Xs_i|$$

3. 曲线和相关参数

轮廓的支承长度率 $R_{mr}(c)$：指在给定水平位置 c 上的轮廓实体材料长度 $Ml(c)$ 与评定长度的比率。

$$R_{mr}(c) = \frac{1}{l_n}\sum_{i=1}^{n}|Ml_i|$$

（五）表面粗糙度的符号（见表 4-8）

表 4-8 表面粗糙度的符号

符号名称	符号
扩展图形符号	
完整图形符号	
工件轮廓各表面的图形符号	

（六）标注举例

（1）表面结构要求在轮廓线上的标注如图 4-8 所示。

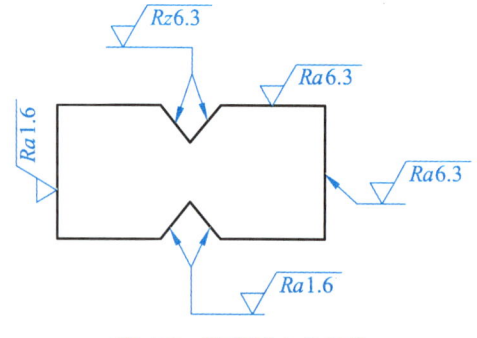

图 4-8 轮廓线上的标注

（2）表面结构要求标注在指引线上，如图4-9所示。

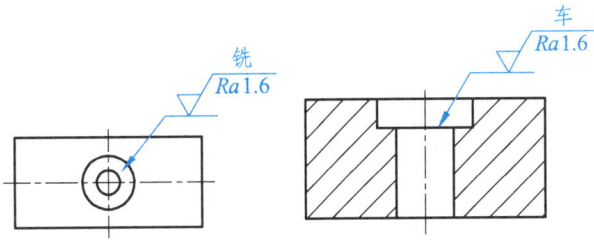

图4-9　指引线上标注

4.3　锥类零件手工检测模拟演练

4.3.1　测量准备工作

4.3.1.1　检查工具

检查双手、防污物品、工量检具，戴好防护手套，如图4-10所示。

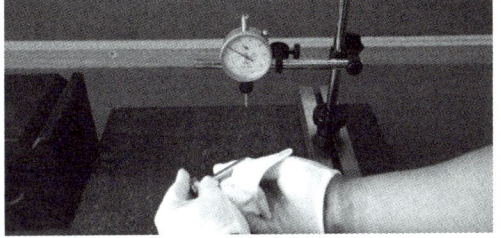

图4-10　准备工作

4.3.1.2　检查组装游标角度尺

整理好角尺或直尺的位置，用卡块上的螺钉把它们紧固住，擦净游标角度尺各测量面，检验游标角度尺读数是否为"0"，如图4-11所示。若读数不为"0"且有读数时，记下此时的读数值。在测量时，可用测得的数据减去该读数值得到实际数据。移动游标，看游标角度尺是否灵活。

图4-11　游标角度尺调"0"

4.3.1.3 检查刀口形直尺

检查外观：用棉丝擦净刀口形直尺各部位表面即可，如图 4-12 所示。

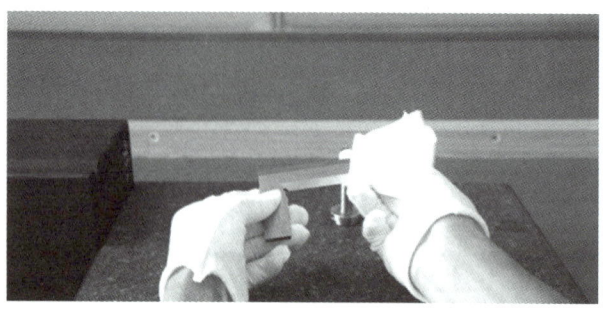

图 4-12　刀口尺检查、清洁

4.3.1.4 检查游标卡尺

擦净游标卡尺各测量爪，并将两个相对的量爪对齐，检验游标卡尺读数是否为"0"，如图 4-13 所示。若读数不为"0"且有读数时，记下此时的读数值。在测量时，可用测得的数据减去该读数值得到实际数据。轻轻移动游标，观察其移动是否平稳、无卡顿，并确认锁紧装置有效。

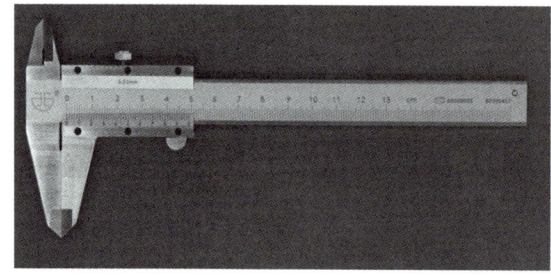 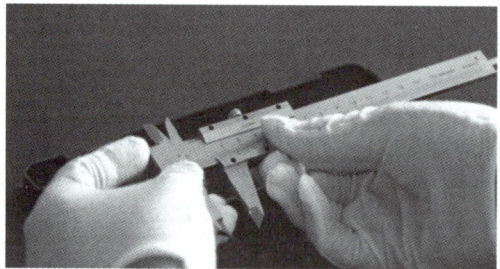

图 4-13　检查归"0"

4.3.1.5 检查千分尺

1) 检查外观

检查各部位的相互作用，如图 4-14 所示。用棉丝擦净千分尺各部位表面后，旋转棘轮（螺微旋钮），要求其能轻快而灵活地带动微分筒旋转，测微螺杆移动要平稳，无卡住现象；微分筒与固定套筒之间无摩擦，锁紧住测微螺杆后棘轮能发出"咔咔"声。

2) 校对"0"位

测量范围 0～25 mm 的千分尺直接校对；测量范围大于 25 mm 的千分尺用量杆或量块校对。

如图 4-15 所示。直接校对时擦净两个测量面，旋转微分筒，两个测量面即将接触时轻转棘轮，发出"咔咔"声，微分筒"0"线与固定套筒基线重合，微分筒端面与固定套筒"0"线右边缘相切，此时"0"位正确。

3）调整"0"位

如图 4-16 所示，当"0"位不准时可用专用扳勾插入固定套筒的调整孔内（固定套筒"0"线的背面），扳动固定套筒转过一定角度，使千分尺"0"位对准。

若使用者本人不能调整，应送量具检修部门由专业人员进行调整。也可直接测量，在读数时加修正值。

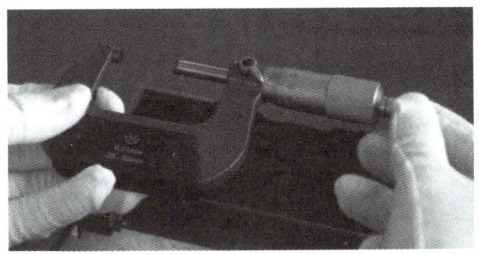
图 4-14　检查外观

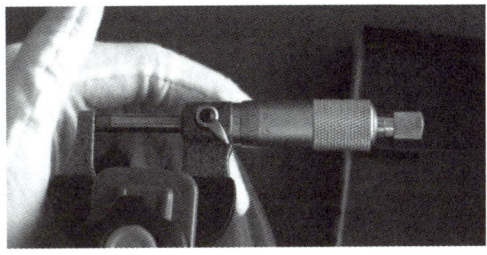
图 4-15　校对"0"位

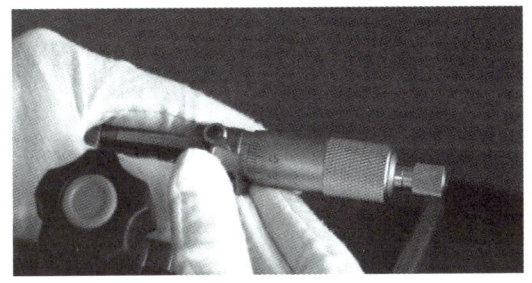
图 4-16　调整"0"位

4.3.1.6　检查内径百分表

1）检查外观

检查内径百分表是否完好无损，特别是测量臂和指示盘是否灵活且无损坏。清洁内径百分表和待测工件的内表面，确保没有油污、尘埃或任何可能影响测量准确性的杂质，如图 4-17 所示。

2）组装可换测头

根据零件简图中被测孔的公称尺寸，选择合适的可换测头，将可换测头装在表架头上并用螺母固定，使其尺寸比公称尺寸大 0.5 mm 左右，可用游标卡尺测量测头间的大致距离，如图 4-18 所示。

3）组装内径指示表

将指示表装入量杆，并使指示表预压 0.2～0.5 mm，即指针偏转 20～50 小格，把指示表指针调整到"0"位，拧紧指示表的紧定螺母，如图 4-19 所示。

4）校对"0"位

将外径千分尺调节至被测孔的公称尺寸，并锁紧外径千分尺。然后把内径百分表测头置于外径千分尺的两测量面间，找到最小值，把指示表指针调整到"0"位，如图 4-20 所示。

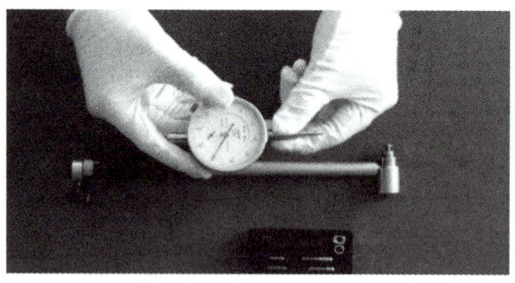 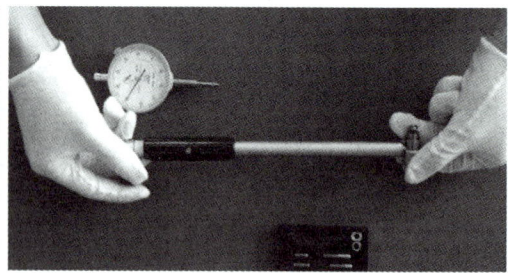

图 4-17 检查外观

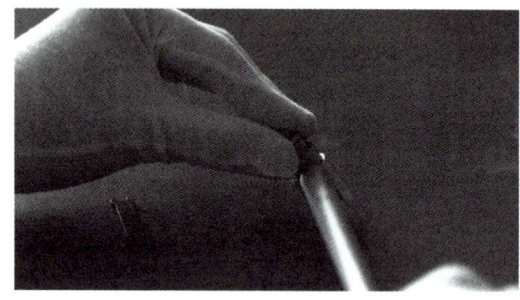 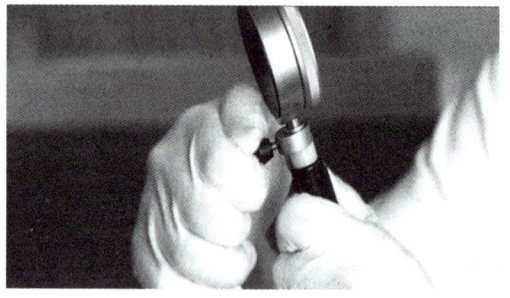

图 4-18 组装可换侧头　　　　　　　图 4-19 组装内径指示表

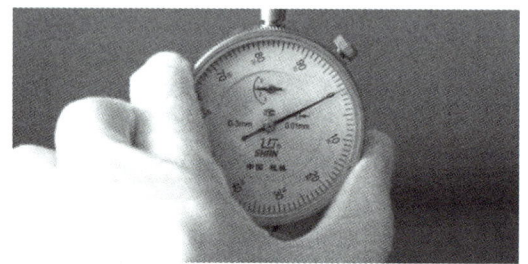

图 4-20 校准"0"位

4.3.1.7 检查粗糙度仪

1）检查外观

确认粗糙度仪完好无损，电池电量充足。检查仪器上的传感器和探头是否清洁无尘，确保测量精度，如图 4-21 所示。

2）开机、设置测量参数

打开粗糙度仪的电源开关，等待仪器启动。有些手持式粗糙度仪可能需要短暂的自检过程，请耐心等待。设置测量参数：根据测量需求，设置合适的测量参数，如取样长度、评定长度、测量速度等。这些参数通常在仪器的操作界面上进行设置，如图 4-22 所示。

3）校准准备

将表面粗糙度标准片和粗糙度仪按照仪器的校准程序进入校准模式，置于用于校正的工作台上。执行校准，将显示的校正值与标准片的标准值进行比较，如有差异则进行调整。完成校准后，保存校准结果并退出校准模式，如图 4-23 所示。

学习任务四　锥类零件检测

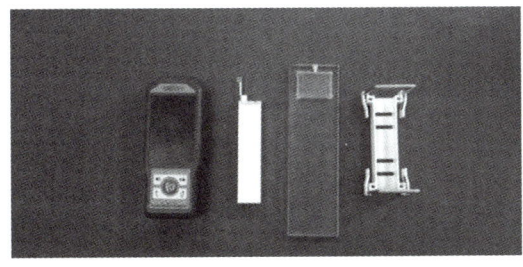

图 4-21　检查外观

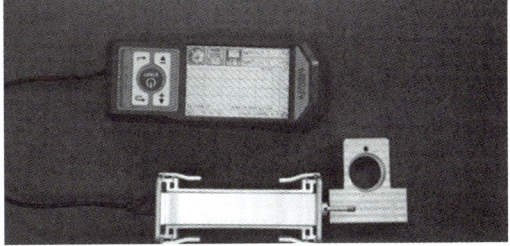

图 4-22　开机、设置参数

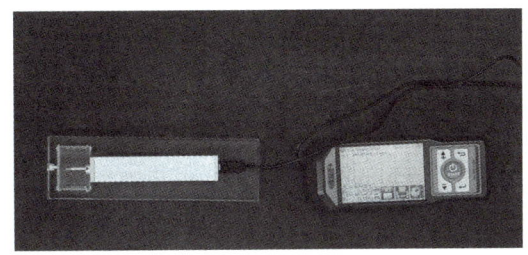

图 4-23　校准准备

4.3.1.8　检查粗糙度比对块

① 确保清洁：在检查之前，确保粗糙度比对块及其周围环境干净无尘，因为任何微小的杂质都可能影响测量结果。

② 目视检查：首先用肉眼检查比对块的表面是否有划痕、凹坑或其他损伤，这些都会影响测量的准确性。

③ 确认标准值：查看比对块上的标记或随附的文件，确认其标称的粗糙度值，如图 4-24 所示。

视频：粗糙度对比块测量方法

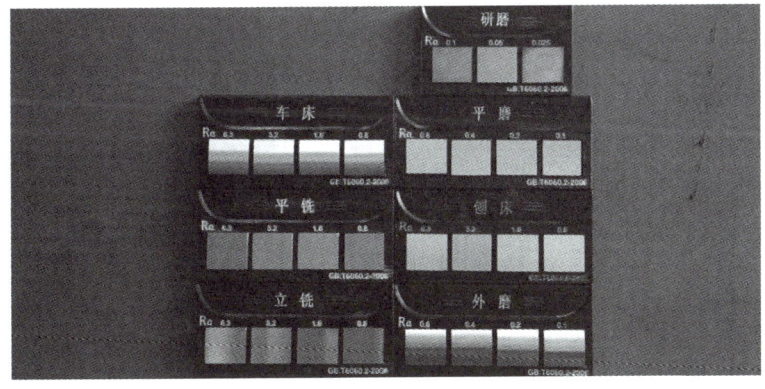

图 4-24　检查外观

4.3.2　直线度误差演练（打表法）

4.3.2.1　测量器具准备

测量器具包括百分表、表座、表架、偏摆仪、被测件、全棉布数块、防锈油等。

4.3.2.2 测量步骤

① 清洁被测件表面、工作台及百分表触头等。
② 将工件放置在划线方箱V形槽内。
③ 调整百分表,使其测头垂直压在被测表面,并有1~2圈压缩量,并调整归"0",如图4-25所示。
④ 沿被测件上A点所在的素线方向移动表架,如图4-26所示。
⑤ 记录百分表最大与最小读数。
⑥ 把被测工件转过90°,重复上述步骤进行打表测量,共测量4次(A、B、A′、B′所在素线)。

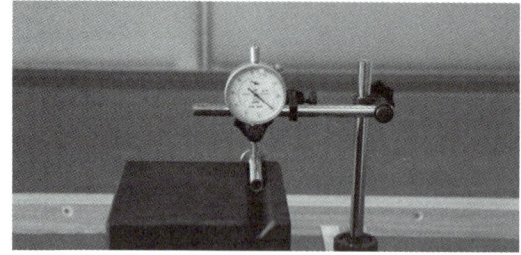
图4-25 调整归"0"

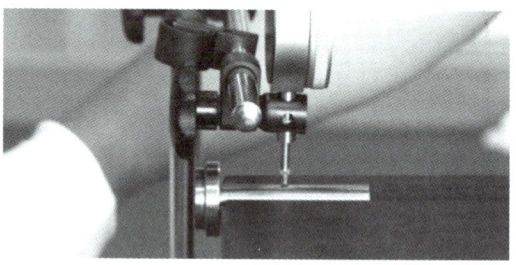
图4-26 沿素线方向移动

4.3.2.3 数据处理

以百分表最大与最小读数之差作为该素线的直线度误差,并以各素线直线度误差中的最大值作为该圆柱面素线的直线度误差。

4.3.2.4 检测报告

按步骤完成测量并将被测件的相关信息及测量结果填入检测报告单(见表4-9)。

表4-9 直线度误差检测报告单(打表法)

仪器读数	A	B	A′	B′
$M_{i\max}$	0.23	0.25	0.23	0.24
$M_{i\min}$	0.20	0.23	0.24	0.21
$\Delta_i = M_{i\max} - M_{i\min}$	0.01	0.02	0.03	0.01
直线度误差 $\Delta = \Delta_{i\max} = 0.03$ mm			判断合格性:合格	

4.3.3 直线度误差演练(刀口尺方法)

4.3.3.1 准备阶段

清洁刀口尺、被测件的表面,如图4-27所示。

视频:直线度误差的测量方法

4.3.3.2 测量步骤

① 将刀口尺置于被测件实际线上,并使其与被测线紧密接触。

② 转动刀口尺，使其位置符合最小条件，即刀口尺与被测线之间的光隙最小。

③ 观察刀口尺与被测线之间的最大光隙，此光隙即为直线度误差。当光隙较大时，可用量块和塞尺测量其值；光隙较小时，可通过与标准光隙比较来估读，如图4-28所示。

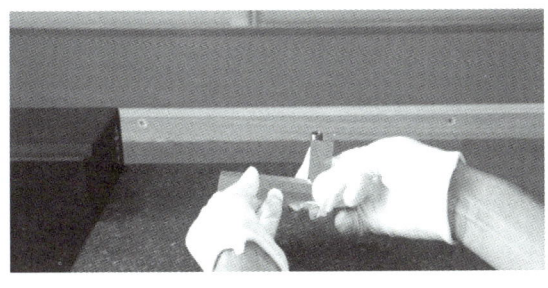

图4-27　准备阶段

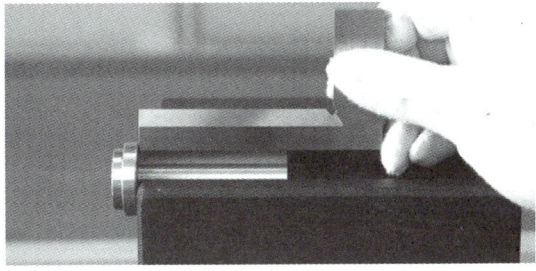

图4-28　测量过程

4.3.3.3　数据处理与评估

记录数据：将测量得到的数据记录下来，包括各个刻度线的数值、光隙的大小等。

4.3.4　圆度误差演练（两点法测量圆度）

4.3.4.1　测量器具准备

测量器具包括：外径千分尺、被测件、V形块、全棉布数块、防锈油等。

4.3.4.2　测量步骤

① 将被测件放置在2个V形块上，使被测轴处于水平状态，如图4-29所示。

② 将外径千分尺测量面放置于工件被测表面并垂直于工件轴心线。

③ 缓慢转动工件，用外径千分尺测量被测轴同一截面轮廓圆周上的八个位置，如图4-30所示，并记录数据的最大值$M_{i\max}$与最小值$M_{i\min}$。

④ 按上述同样方法，分别测量4个不同截面（截面A—A、B—B、C—C、D—D）并记录数据。

⑤ 完成检测报告，整理实验器具。

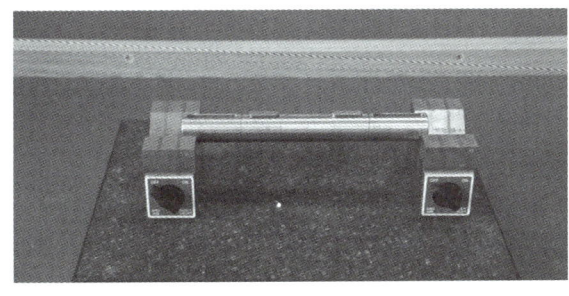

图4-29　测量过程

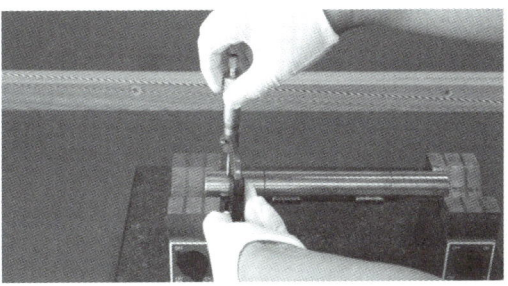

图4-30　测量过程

4.3.4.3 数据处理

计算出每一个截面上的圆度误差$(M_{i\max}-M_{i\min})/2$，取 4 个截面上的圆度误差最大值作为该被测轴的圆度误差。

4.3.4.4 检测报告

按步骤完成测量并将被测件的相关信息及测量结果填入检测报告单（见表 4-10）中。

表 4-10 圆度误差检测报告单（两点法）

仪器读数	截面 $A—A$	截面 $B—B$	截面 $C—C$	截面 $D—D$
1	0.33	0.32	0.33	0.32
2	0.31	0.33	0.32	0.31
3	0.32	0.33	0.32	0.32
4	0.31	0.32	0.33	0.32
5	0.32	0.33	0.33	0.33
6	0.31	0.31	0.32	0.31
7	0.30	0.30	0.32	0.33
8	0.31	0.32	0.32	0.32
$\Delta_i=(M_{i\max}-M_{i\min})/2$	0.01	0.01	0.01	0.01
圆度误差 $\Delta=\Delta_{i\max}=0.01\,\text{mm}$			判断合格性：合格	

4.3.5 圆度误差演练（打表法测量圆度）

4.3.5.1 测量器具准备

测量器具包括：百分表表座、表架、平台、V 形块、被测件、全棉布数块、防锈油等。

4.3.5.2 测量步骤

视频：圆度误差的测量方法

① 将被测件放在 $2\alpha=90°$ 的 V 形块上，如图 4-31 所示。

② 安装好表座、表架和百分表，使百分表测量头垂直于测量面，并将指针调"0"，如图 4-32 所示。

③ 记录被测零件在回转一周过程中测量截面上百分表读数的最大值与最小值，将最大值与最小值之差的一半（$\dfrac{\Delta h}{2}$）作为该截面的圆度误差。

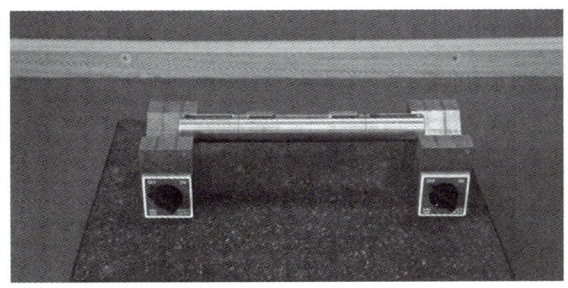

图 4-31 放置零件

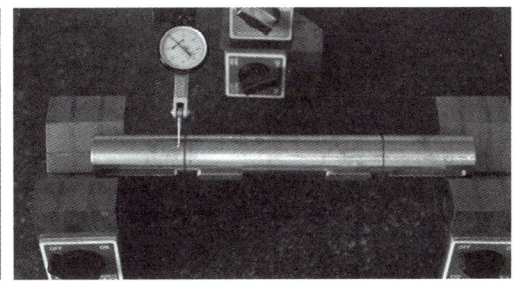

图 4-32 调整归"0"

④ 移动百分表，测量 4 个不同截面，取截面圆度误差中的最大值作为该零件的圆度误差。

⑤ 如果最大误差 $\Delta_{max} \leqslant 0.005\ mm$，则该零件的圆度误差符合要求；如果 $\Delta_{max} > 0.005\ mm$，则该零件的圆度超差。

⑥ 完成检测报告，整理实验器具。

4.3.5.3 数据处理

取测得误差中的最大值作为被测部位的圆度误差。

4.3.5.4 检测报告

按步骤完成测量，并将被测件的相关信息及测量结果填入测量报告单（见表 4-11）中。

表 4-11 圆度误差检测报告单（打表法）

仪器读数	截面 A	截面 B	截面 C	截面 D
1	0	+0.01	0	+0.01
2	−0.01	−0.01	−0.01	−0.01
3	+0.01	+0.01	−0.01	0
4	0	−0.01	−0.01	−0.01
5	−0.01	0	+0.02	0
6	0	+0.01	−0.02	+0.01
7	−0.01	−0.01	+0.02	−0.01
8	+0.01	+0.01	−0.02	+0.01
$\Delta_i = (M_{i\,max} - M_{i\,min})/2$	0.01	−0.01	−0.01	0.01
圆度误差 $\Delta = \Delta_{i\,max} = 0.02\ mm$			判断合格性：合格	

4.3.6 圆柱度误差演练（打表法测量圆柱度）

4.3.6.1 测量器具准备

测量器具包括：百分表表座、表架、平台、V 形块、被测件、全棉布数块、防锈油等。

视频：圆柱度误差的测量方法

4.3.6.2 测量步骤

① 测量装置与测量圆度的装置基本相同，将被测件放在 $2\alpha = 90°$ 的 V 形块上，如图 4-33 所示。使其轴线垂直于测量截面，同时固定轴向位置，安装好表座、表架、百分表，平稳移动表座，使百分表测头接触被测件，并垂直于被测件的轴线，将指针调 "0"，如图 4-34 所示。

② 转动被测轴一周，记录百分表读数的最大值与最小值。

③ 按同样方法，分别测量被测件上 4 个不同截面，取各截面测得的所有读数中最大值与最小值之差的一半作为该被测轴的圆柱度误差。

④ 完成检测报告，整理实验器具。

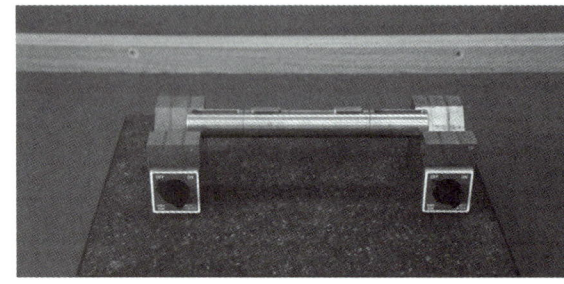

图 4-33　放置零件　　　　　图 4-34　调整归 "0"

4.3.6.3 数据处理

在 V 形块 $2\alpha = 90°$ 的条件下，取各截面测得的所有读数中最大值与最小值之差的一半作为该被测轴的圆柱度误差。

4.3.6.4 检测报告

按步骤完成测量并将被测件的相关信息及测量结果填入检测报告单（见表 4-12）。

表 4-12　圆柱度误差检测报告单（打表法）

仪器读数	截面 A	截面 B	截面 C	截面 D
$M_{i\max}$	+0.01	+0.02	+0.02	+0.01
$M_{i\min}$	-0.02	-0.01	-0.02	+0.01
$\Delta_i = (M_{i\max} - M_{i\min})/2$	0.02			
圆柱度误差 $\Delta = \Delta_{i\max} = 0.02$ mm			判断合格性：合格	

4.3.7 粗糙度误差演练（粗糙度仪）

4.3.7.1 测量器具准备

测量器具包括：粗糙度仪、平台、被测件、全棉布数块、防锈油等。

4.3.7.2 测量步骤

① 放置探头：将粗糙度仪的探头轻轻放在工件表面上，确保探头与表面接触良好，并且与测量方向一致。

② 启动测量：按下开始键，启动测量，在测量过程中，要保持探头稳定不动，避免因为移动而影响测量结果的准确性，如图 4-35 所示。

③ 保存数据：仪器未自动保存数据，需手动按下保存键，将数据保存到仪器内存中，这样可以方便后续查看和分析测量结果。

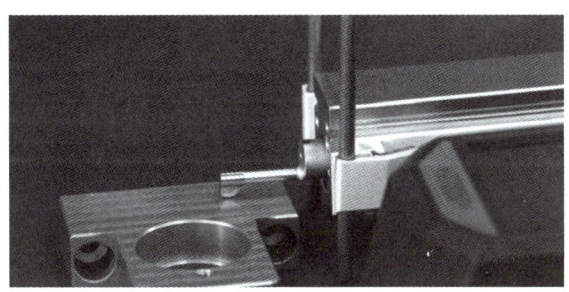

图 4-35 测量过程

4.3.7.3 读取数据

查看结果：在屏幕上查看测量结果，测量结果通常以 Ra 值表示，Ra 值越小表示表面越光滑。

导出数据：通过数据输出接口将测量结果导出到计算机上进行进一步分析。

4.3.7.4 检测报告

将检测结果填入检测报告单（见表 4-13）。

表 4-13 粗糙度检测报告单

序号	点号	Ra/μm	规定值	检验值	Rz/μm	规定值	检验值

4.4 实战操作

第一步：制定检测方案（见表4-14）。

表 4-14 检测方案

检测卡片		产品型号		零件名称	
		产品名称		零件图号	
工序号	工序名称	检测项目	技术要求	检测手段	检测方案	检测操作要求

第二步：完成测量，并将有关几何尺寸数据填入表4-15中。

表 4-15　测量记录表

图纸要求	计量器具	实测数据			平均值	结论
		1	2	3		

第三步：完成测量，并将有关直线度公差数据填入表 4-16 中。

表 4-16　直线度误差检测报告单（打表法）

仪器读数	A	B	A'	B'
$M_{i\max}$				
$M_{i\min}$				
$\Delta_i = M_{i\max} - M_{i\min}$				
直线度误差 $\Delta = \Delta_{i\max} =$			判断合格性：	

第四步：完成测量，并将有关径向圆度公差数据填入表 4-17 中。

表 4-17　圆度误差检测报告单（两点法）

仪器读数	截面 $A—A$	截面 $B—B$	截面 $C—C$	截面 $D—D$
1				
2				
3				
4				
5				
6				
7				
8				
$\Delta_i = (M_{i\max} - M_{i\min})/2$				
圆度误差 $\Delta = \Delta_{i\max} =$			判断合格性：	

第五步：完成测量，并将有关圆度公差数据填入表 4-18 中。

表 4-18 圆度误差检测报告单（打表法）

仪器读数	截面 A	截面 B	截面 C	截面 D
1				
2				
3				
4				
5				
6				
7				
8				
$\Delta_i = (M_{i\max} - M_{i\min})/2$				
圆度误差 $\Delta = \Delta_{i\max} =$			判断合格性：	

第六步：完成测量，并将有关圆柱度公差数据填入表 4-19 中。

表 4-19 圆柱度误差检测报告单（打表法）

仪器读数	截面 A	截面 B	截面 C	截面 D
$M_{i\max}$				
$M_{i\min}$				
$\Delta_i = (M_{i\max} - M_{i\min})/2$		0.02		
圆柱度误差 $\Delta = \Delta_{i\max} =$			判断合格性：	

第七步：完成测量，并将有关粗糙度检测数据填入表 4-20 中。

表 4-20 粗糙度检测报告单

序号	点号	Ra /μm	规定值	检验值	Rz /μm	规定值	检验值

4.5 思考题

想一想，粗糙度的其他检测方法有哪些？

知识拓展

一、直线度应用案例

1. 机床导轨加工案例

在机床制造中，如车床、铣床、磨床等，导轨的直线度直接影响加工精度。以加工高精度轴类零件的车床为例，其导轨的直线度误差需控制在极小范围内。若导轨直线度超差，在车削过程中，刀具相对于工件的运动轨迹将偏离理想直线，导致加工出的轴径尺寸不均匀，圆柱度误差增大。

重要性体现：高精度的导轨直线度能够确保刀具在加工过程中始终保持准确的直线运动，从而保证加工零件的尺寸精度和形状精度。这对于生产高质量的机械零部件至关重要，直接影响到产品的性能和使用寿命。

2. 发动机活塞连杆制造案例

发动机活塞连杆的直线度对发动机的性能和可靠性有着重要影响。在连杆加工过程中，必须严格控制其直线度。若连杆直线度不符合要求，在发动机工作时，活塞的往复运动将受到影响，导致活塞与气缸壁之间的磨损加剧，密封性能下降，进而影响发动机的功率输出和燃油经济性，严重时甚至可能引发发动机故障。

重要性体现：良好的直线度可保证活塞连杆在高速往复运动中的稳定性和准确性，使活塞能够在气缸内平稳地上下运动，减少能量损失和机械磨损，提高发动机的整体性能和耐久性。

3. 汽车车身框架焊接案例

汽车车身框架是由多个金属部件焊接而成，在焊接前，这些部件的直线度必须符合严格标准。例如，车身纵梁、横梁等关键结构件，若直线度存在偏差，在焊接后车身整体结构的强度和稳定性将受到影响。车辆在行驶过程中，车身可能会出现扭曲变形，影响操控性能，降低安全性。

重要性体现：精确的直线度控制能够确保车身框架各部件在焊接后形成一个坚固、稳定的整体结构，有效承受各种行驶应力，保障汽车的安全性能，同时也有助于提高车身的装配精度，使车身外观更加平整美观。

4. 汽车传动轴制造案例

汽车传动轴负责将发动机的动力传递到车轮，其直线度对于动力传输的平稳性和效率至关重要。如果传动轴直线度不佳，在高速旋转时会产生不平衡力，引起传动轴振动，不仅会加速自身及相关部件的磨损，还会导致车辆行驶时产生抖动，影响乘坐舒适性，甚至可能损坏其他传动部件。

重要性体现：保证传动轴的直线度能够使动力平稳、高效地传递，减少振动和能量损失，延长传动轴及整个传动系统的使用寿命，提升车辆的行驶品质和可靠性。

5. 飞机机翼大梁加工案例

飞机机翼大梁是飞机机翼的主要承力结构部件，其直线度要求极高。在加工过程中，任何微小的直线度偏差都可能导致大梁在承受飞行载荷时应力分布不均匀，降低结构强度。例如，在飞行过程中，机翼大梁承受巨大的升力和弯矩，如果直线度不合格，可能引发大梁局部应力集中，增加结构疲劳破坏的风险，严重威胁飞行安全。

重要性体现：严格控制机翼大梁的直线度是确保飞机结构安全的关键因素之一。精确的直线度能够保证大梁在各种复杂飞行条件下均匀承载，提高机翼结构的整体强度和可靠性，为飞机的安全飞行提供坚实保障。

6. 火箭发射架轨道安装案例

火箭发射架的轨道直线度对于火箭发射的准确性和安全性至关重要。在轨道安装过程中，必须确保其直线度误差极小。若轨道直线度出现偏差，火箭在发射升空过程中，可能会因导向不准确而偏离预定轨道，引发严重后果。此外，轨道直线度不良还会增加火箭与轨道之间的摩擦力，影响发射效率，甚至可能对火箭结构造成损害。

重要性体现：高精度的轨道直线度能够为火箭提供精确的导向，保证火箭在发射过程中按照预定轨迹稳定上升，确保发射任务的成功实施，同时也有助于保护火箭结构，提高发射系统的可靠性和安全性。

7. 电子线路板插件安装案例

在电子线路板制造中，插件的引脚直线度对于安装质量和电气连接可靠性有重要影响。例如，集成电路芯片的引脚如果出现弯曲或直线度偏差，在插件过程中可能无法准确插入电路板的插座中，导致引脚与插座接触不良，增加电路电阻，影响信号传输质量，甚至可能引发虚焊、短路等故障，使电子设备无法正常工作。

重要性体现：保证插件引脚的直线度能够确保电子元件在电路板上的正确安装和可靠连接，实现稳定的电气性能，提高电子设备的整体质量和稳定性，降低故障率。

8. 电子设备外壳加工案例

电子设备外壳的直线度不仅影响外观美观度，还关系到设备的装配精度和防护性能。如手机、平板电脑等设备的外壳，如果直线度不好，在装配过程中各部件之间的配合将出现问题，可能导致缝隙不均匀、密封不严等情况，影响设备的防水、防尘性能，同时也会降低用户对产品外观的满意度。

重要性体现：良好的外壳直线度有助于实现各部件的精准装配，提高设备的整体防护性能，同时提升产品的外观品质，增强市场竞争力。例如，孔、轴横截面的形状应是正圆形，如加工后实际形状为椭圆形，这就是形状误差。

二、圆度、圆柱度应用案例

1. 轴类零件加工案例

在机床主轴、电机轴等轴类零件的加工中，圆度和圆柱度是关键的质量指标。例如，高精度磨床的主轴，其圆柱度要求极高，通常在微米级别。如果主轴的圆柱度误差过大，在高速旋转时会产生严重的不平衡振动，影响加工精度，导致被加工零件表面粗糙度增加、尺寸精度超差。

重要性体现：良好的圆度和圆柱度能确保轴类零件在旋转过程中的稳定性和平衡性，减少振动和磨损，提高旋转精度，从而保证整个机械系统的工作性能和使用寿命。

2. 孔类零件加工案例

发动机缸体的气缸孔、液压油缸的缸筒等孔类零件，对圆度和圆柱度要求严格。以发动机缸体为例，气缸孔的圆度误差直接影响活塞与气缸壁之间的密封性。若圆度不佳，活塞环与气缸壁不能均匀贴合，会导致漏气、动力下降、燃油消耗增加，同时加速活塞环和气缸壁的磨损。

重要性体现：精确的圆度和圆柱度可保证孔类零件与配合件之间的良好配合，实现有效的密封、稳定的运动传递以及均匀的受力分布，对于提高机械装置的效率、可靠性和耐久性至关重要。

3. 发动机活塞制造案例

汽车发动机活塞的圆度和圆柱度对发动机性能影响显著。活塞在气缸内做高速往复运动，其裙部与气缸壁之间的间隙需要保持在合适的范围内。如果活塞的圆度或圆柱度超差，会导致活塞与气缸壁的摩擦不均匀，局部磨损加剧，严重时可能造成活塞卡死在气缸内，使发动机无法正常工作。

重要性体现：严格控制活塞的圆度和圆柱度能够确保活塞在气缸内的顺畅运动，减少摩擦损失，提高发动机的动力输出，降低燃油消耗，延长发动机的使用寿命。

4. 车轮轮毂制造案例

车轮轮毂的圆度对于车辆行驶的平稳性和安全性至关重要。在轮毂加工过程中，若圆度误差过大，车轮在高速旋转时会产生明显的跳动，传递到车身会引起车辆抖动，影响驾乘舒适性，同时还会增加轮胎的磨损，降低轮胎使用寿命，甚至可能影响车辆的操控稳定性，危及行车安全。

重要性体现：良好的轮毂圆度可保证车轮的均匀旋转，减少振动和跳动，提高车辆行驶的平稳性和舒适性，确保轮胎的正常磨损，增强车辆的操控性能和安全性。

5. 航空发动机涡轮盘制造案例

航空发动机涡轮盘在高温、高速、高负荷的极端工况下工作，其圆度和圆柱度直接关系到发动机的性能和可靠性。涡轮盘的微小形状误差都可能导致应力集中，在高速旋转时产生疲劳裂纹，进而引发严重的安全事故。例如，某型号航空发动机涡轮盘的圆度要求控制在 ±0.005 mm 以内，圆柱度要求更为严格。

重要性体现：高精度的圆度和圆柱度能够保证涡轮盘在极端条件下的结构完整性和性能稳定性，确保发动机安全、可靠、高效地运行，对于航空飞行器的飞行安全和性能起着关键作用。

6. 导弹弹体制造案例

导弹弹体的圆柱度对于导弹的飞行精度和稳定性具有重要影响。弹体作为导弹的主体结构，其外形的准确性直接关系到飞行过程中的空气动力学性能。如果弹体圆柱度不符合要求，会导致飞行阻力不均匀，影响导弹的飞行轨迹精度，降低命中目标的准确性。

重要性体现：精确的圆柱度能够确保导弹在飞行过程中保持良好的空气动力学外形，减少飞行阻力，提高飞行稳定性和精度，增强导弹的作战效能。

7. 光学镜片加工案例

在光学仪器如望远镜、显微镜、相机镜头等的镜片加工中，镜片的圆度和圆柱度对光学性能影响极大。例如，相机镜头中的镜片，如果圆度或圆柱度误差较大，会导致光线折射不均匀，影响成像质量，出现图像失真、清晰度下降、色差等问题。

重要性体现：高精密的圆度和圆柱度是保证光学镜片良好光学性能的基础，能够实现光线的准确聚焦和折射，提高成像质量，满足精密仪器对光学精度的严格要求。

8. 测量仪器主轴制造案例

三坐标测量仪、圆度仪等精密测量仪器的主轴，其圆度和圆柱度直接决定了测量精度。主轴的形状误差会传递到测量结果中，导致测量数据不准确。例如，高精度圆度仪的主轴圆柱度误差必须控制在极小范围内，否则无法准确测量工件的圆度和圆柱度。

重要性体现：精确的主轴圆度和圆柱度能够保证测量仪器的高精度测量，为产品质量控制和科学研究提供可靠的数据支持，确保测量结果的准确性和可信度。

9. 滚动轴承制造案例

滚动轴承的内圈、外圈和滚动体都对圆度和圆柱度有严格要求。以内圈为例，如果内圈圆度超差，在与滚动体配合时，会导致滚动体受力不均匀，局部接触应力增大，加速轴承磨损，降低轴承的承载能力和使用寿命。同时，外圈的圆柱度误差也会影响轴承与轴和轴承座的配合精度，导致整个轴承系统的性能下降。

重要性体现：良好的圆度和圆柱度能够保证滚动轴承各部件之间的均匀接触和顺畅滚动，减少摩擦和磨损，提高轴承的旋转精度、承载能力和使用寿命，确保机械设备的稳定运行。

技术练兵

一、填空题

1. 直线度公差带的形状有多种，在给定平面内，其公差带是距离为公差值_____的两平行直线之间的区域。

2. 用万能角度尺测量角度时，若测量的零件角度大于 180°且小于 270°，被测角度应等于_____。

3. 圆度公差是限制实际圆对理想圆的变动量，其符号用_____表示。

4. 圆柱度公差用于对圆柱面所有正截面和纵截面上的轮廓提出综合形状精度要求，当标注了圆柱度后，一般_____（填"有"或"没有"）必要再标注圆度和直线度。

5. 表面粗糙度属于微观几何形状误差，其两波峰或两波谷之间的距离（波距）通常在_____以下。

6. 粗糙度仪常见的测量参数中，轮廓算术平均偏差用_____表示。

7. 评定长度是由若干个_____组成的用于评定轮廓所必需的一段长度，一般按_____个取样长度来确定。

8. 影响直线度公差的因素包括切削刀具磨损、机床振动、材料特性、热处理状态、_____、刀具选择和安装以及测量方法和设备等。

9. 万能角度尺的游标分度值常见有_____和_____两种。

10. 莫氏锥柄的锥度很小，与锥形内孔配合，主要利用_____传递扭矩。

二、选择题

1. 直线度公差带形状为两平行平面之间区域的情况是（　　）。
   A. 给定平面内的直线度　　　　　　B. 给定方向上的直线度
   C. 给定圆柱面内的直线度　　　　　D. 任意方向上的直线度

2. 用万能角度尺测量 50°～140° 之间角度，以下方法不正确的是（　　）。
   A. 把角尺卸掉，把直尺装上去，使它与扇形板连在一起，工件的被测部位放在基尺和直尺的测量面之间进行测量
   B. 不拆下角尺，只把直尺和卡块卸掉，再把角尺拉到下边来，直到角尺短边与长边的交线和基尺的尖棱对齐为止，把工件的被测部位放在基尺和角尺短边的测量面之间进行测量
   C. 把直尺和卡块卸掉，只装角尺，但要把角尺推上去，直到尺短边与长边的交线和基尺的尖棱对齐为止。把工件的被测部位放在基尺和角尺短边的测量面之间进行测量
   D. 角尺和直尺全都装上，产品的被测部位放在基尺各直尺的测量面之间进行测量

3. 圆度公差带是（　　）。
   A. 两平行直线之间的区域　　　　　B. 两平行平面之间的区域
   C. 半径差为公差值的两同心圆之间的区域　　D. 直径为公差值的圆柱面内的区域

4. 圆柱度公差带是（　　）。
   A. 两平行直线之间的区域　　　　　B. 两平行平面之间的区域
   C. 半径差为公差值的两同轴圆柱面之间的区域
   D. 直径为公差值的圆柱面内的区域

5. 表面粗糙度对零件疲劳强度的影响是（　　）。
   A. 表面越粗糙，疲劳强度越高　　　B. 表面粗糙度对疲劳强度无影响
   C. 表面越粗糙，疲劳强度越低　　　D. 不一定，取决于其他因素

6. 粗糙度仪测量参数中，微观不平度十点高度用（　　）表示。
   A. Ra　　　　B. Rz　　　　C. Rq　　　　D. Rt

7. 以下关于取样长度的说法正确的是（　　）。
   A. 评定表面粗糙度所规定的一段基准线长度，应与表面粗糙度的大小相适应，一般在一个取样长度内应包含 5 个以上的波峰和波谷

B. 由若干个取样长度组成的用于评定轮廓所必需的一段长度

C. 评定表面粗糙度的一段参考基准线

D. 使轮廓上各点至该线的距离平方和为最小的线

8. 影响圆度、圆柱度公差的因素不包括（　　）。

　　A. 加工精度　　　　B. 工艺设计　　　　C. 耐磨性　　　　D. 测量误差

9. 万能角度尺测量内角的范围是（　　）。

　　A. 0°～320°　　　　　　　　　　　　　B. 40°～220°

　　C. 0°～180°　　　　　　　　　　　　　D. 90°～270°

10. 莫氏锥柄检测中，需要检测的项目不包括（　　）。

　　A. 莫氏锥度　　　　B. 圆度　　　　　　C. 硬度　　　　　D. 轴向跳动

三、判断题

1. 直线度公差只用于限制平面内的直线形状偏差。　　　　　　　　　　　　　　（　　）
2. 万能角度尺可测量 0°～360° 的任何角度。　　　　　　　　　　　　　　　　（　　）
3. 加工精度是影响圆度和圆柱度公差的唯一因素。　　　　　　　　　　　　　　（　　）
4. 表面粗糙度越小，零件表面越光滑，其性能越好。　　　　　　　　　　　　　（　　）
5. 评定长度是评定表面粗糙度所规定的一段基准线长度。　　　　　　　　　　　（　　）
6. 游标万能角度尺的主尺刻线每格为 1°，游标的刻线是取主尺的 29° 等分为 30 格。

　　　　　　　　　　　　　　　　　　　　　　　　　　　　　　　　　　　　（　　）
7. 用刀口形直尺检测直线度误差适用于所有类型的零件。　　　　　　　　　　　（　　）
8. 圆度公差和圆柱度公差的符号相同。　　　　　　　　　　　　　　　　　　　（　　）
9. 粗糙度仪在测量前不需要进行校准。　　　　　　　　　　　　　　　　　　　（　　）
10. 莫氏锥柄的锥度是固定不变的，只有一种标准值。　　　　　　　　　　　　（　　）

四、简答题

1. 简述直线度误差的打表法测量步骤及数据处理方法。

2. 说明圆度误差两点法测量时，测量器具的准备工作有哪些。

3. 阐述圆柱度误差打表法测量中，如何确定圆柱度误差。

4. 解释表面粗糙度的含义及其对零件耐磨性的影响。

5. 简述游标万能角度尺的读数原理和使用时的注意事项。

6. 分析影响直线度公差的切削刀具磨损因素是如何起作用的。

7. 比较圆度公差和圆柱度公差的异同点。

8. 说明粗糙度仪的测量参数中，轮廓的算术平均偏差 Ra 的含义及计算方法。

9. 简述莫氏锥柄的特点及在机械中的作用。

10. 举例说明表面粗糙度对零件配合性质稳定性的影响。

学习任务五　箱体类零件检测

【学习目标】

- ◇　能独立领取、阅读及核对检测任务通知单内容，明确检测任务。
- ◇　能根据检测图纸要求，完成箱体类样品图纸的分析，选取和校验量具。
- ◇　能依据工量具使用规范，完成零件几何尺寸、位置度公差、平行度公差和平面度基本参数检测。
- ◇　能完成检测数据结果的整理及归纳汇总，规范填写尺寸检测报告。
- ◇　能按照工量具和检测仪器的保养要求，完成游标卡尺、千分尺、百分表、磁力表座、铸铁平板、划线方箱等量仪常规维护保养。
- ◇　能依据现场管理规范，完成工作现场的清理整顿，达到现场管理要求。

【考核要点】

根据箱体类零件检测图样，使用普通量具，以手工检测方式完成检测表中标注尺寸的检测，并输出尺寸检测报告。

【建议学时】

12 学时。

【工作流程】

接受任务　——→　检测前准备　——→　零件检测　——→　尺寸评价

| 1. 能正确领取、阅读、核对检测任务通知单。
2. 分析样品检测图纸。
3. 能与质量经理进行有效沟通，明确零件检测项目要求。 | 1. 能依据企业实际检测条件，制定检测工艺方案。
2. 能正确阅读作业指导书，确认检测标准。
3. 能根据零件特征，正确选择、校验检测器具。 | 1. 能规范、熟练使用工量具，完成零件尺寸、几何公差检测。
2. 记录检测数据。
3. 能正确对工量具进行保养、检查和收纳。 | 1. 能对检测数据结果进行归纳汇总。
2. 能分析并解决质量分析过程中的问题。
3. 能按照工作成果总结的要求，完成质量分析。 |

学习任务五 工 单						
零件名称		工时		12学时	班组	
检验员						
责任部门		检测中心编码			日期	
量具、量仪							
学习任务							
任务目标							

知识与技能	
实施过程	
尺寸评价	

成绩评定			
组内互评成绩	A（　），B（　），C（　）	教师评定成绩（A、B、C三等）
本人评定成绩	A（　），B（　），C（　）	

5.1 检测任务描述

为了保证外协零件的入库质量控制，需要对减速箱下底壳几何尺寸、位置度公差、平行度公差、平面度进行检测，以确保后期装配工作的顺利进行。现有一家机械设备公司因生产需要生产一批箱体零件，共200件，要求学院根据报检通知要求，按照抽样检测标准进行产品入厂检测工作，对照图纸及技术要求（见图5-1），采用游标卡尺、千分尺、百分表、磁力表座、铸铁平板、划线方箱等工量具分别对箱体几何尺寸、位置度公差、平行度公差、平面度进行检测（见表5-1）。按照零件类型差异，此任务属于箱体类零件的检测。该项工作由教师下达工作任务，要求学生独立完成检测。

表 5-1 检测项目

序号	尺寸描述	尺寸要求	公差	上极限尺寸	下极限尺寸
1	外径（2处）	$\phi 16^{+0.033}_{-0.000}$	0.033	16.033	16
2	位置高度	$25^{+0.000}_{-0.060}$	0.06	25	24.94
3	位置长度	$40^{+0.100}_{-0.100}$	0.2	40.1	39.9
4	高度	$40^{+0.100}_{-0.100}$	0.2	40.1	39.9
5	底部厚度	$5^{+0.100}_{-0.100}$	0.2	5.1	4.9
6	壁厚度	$8^{+0.000}_{-0.060}$	0.06	8	7.94
7	宽度	$53^{+0.100}_{-0.100}$	0.2	53.1	52.9
8	宽度	$25^{+0.100}_{-0.100}$	0.2	25.1	24.9
9	平面度	—	0.01	—	—
10	平行度	—	0.021	—	—
11	垂直度	—	0.025	—	—
12	同轴度	—	0.03	—	—

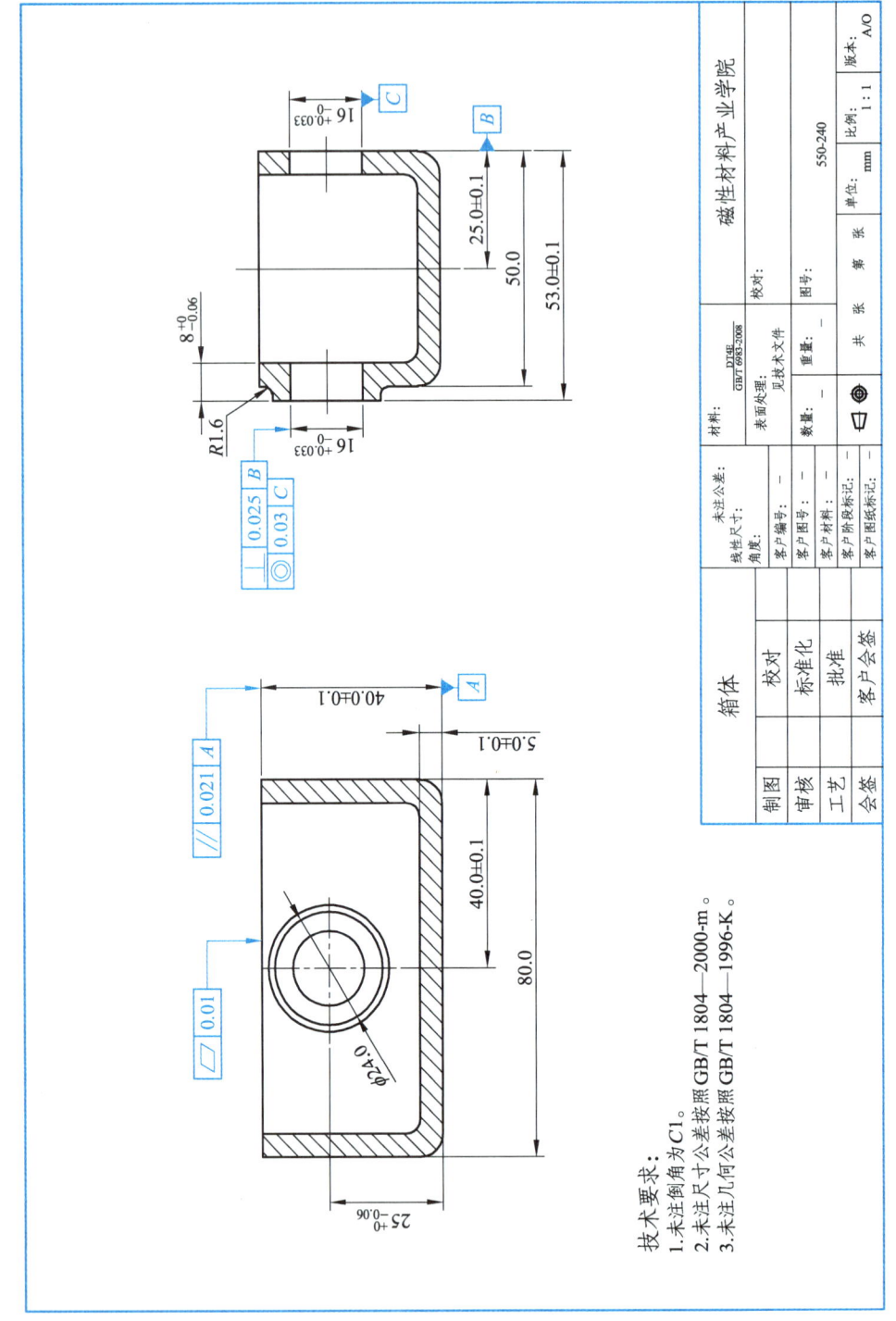

图 5-1 任务五零件图

5.2 量具配置准备

5.2.1 量具配置清单（见表 5-2）

表 5-2　量具配置清单

名称	规格	数量
游标卡尺	0～150 mm / 0.02 mm	1 把
千分尺	0～25 mm / 0.01 mm	1 把
深度尺	0～150 mm / 0.02 mm	1 把
百分表	18～35 mm / 0.01 mm	1 个
磁力表座	CZ-6A	1 个
铸铁平板	QT400-600	1 台
划线方箱	—	1 台

5.2.2 铸铁平板

5.2.2.1 铸铁平板结构

铸铁平板基本结构包括平板本体、支撑结构以及可能的调整机构。平板本体通过精刨、刮研等工艺达到所需的精度等级；支撑结构负责支撑平板本体，确保其稳定性和承重能力；调整机构则用于调整平板的水平和平行度。它可用于检验工件误差、划线、装配、焊接等多种工艺过程，如图 5-2 所示。

图 5-2　铸铁平台

5.2.2.2 铸铁平板分类

按结构分：筋板式和箱体式。
按用途分：检验平板、划线平板、装配平板。

知识搜索

一、平行度公差

（一）平行度含义

平行度指两平面或者两直线平行的程度，即一平面（边）相对于另一平面（边）平行的误差最大允许值。平行度公差是一种定向公差，用于控制被测要素相对于基准要素在方向上的变动全量。

（二）平行度公差示例（见表 5-3）

表 5-3　平行度公差示例

示例	含义
线对线平行度公差	
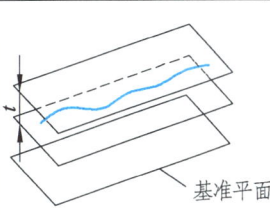	公差带是距离为公差值 t 且平行于基准线、位于给定方向上的两平行平面之间的区域
线对面平行公差	
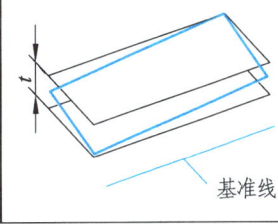	公差带是距离为公差值 t 且平行于基准平面的平行平面之间的区域
面对线平行度公差	
	公差带是距离为公差值 t 且平行于基准线的两平行平面之间的区域

5.2.2.3 铸铁平板的使用与保养

1）铸铁平板的使用

安装与调整：铸铁平板应安装在通风、干燥的环境中，远离热源、有腐蚀的气体或液体。使用前，需将铸铁平板的各个支撑点用调整垫铁垫好、垫实，由专业技术人员调整至合格精度。安装时要确保支撑点稳固且受力均匀，以保证整个铸铁平板平稳。

工件处理：使用时要轻拿轻放工件，避免在铸铁平板上挪动粗糙物体或重物，以防对平板工作面造成磕碰、划伤等损坏。工件的重量不可超过平板的额定载荷，以防止损坏平板的结构或造成平板变形。

使用方式：铸铁平板应使用整个工作平面，避免总是在一个地方集中使用，以保证平板的均匀磨损。进行测量操作时，应在平板上铺设擦拭布或其他皮革制品，用以放置小工具或量块等物。

2）铸铁平板的保养

清洁与防锈：使用完毕后，应及时将工件从铸铁平板上取下，避免长时间重压造成平板变形。将平板工作面洗净后，涂上一层防锈油，并用防锈纸盖上，再用外包装将平板盖好，以防损伤和锈蚀。

定期检查与维护：铸铁平板应按国家标准实行定期周检，检定周期一般为 6~12 个月，具体根据使用情况而定。如发现平板平面度超差或其他损坏情况，应及时联系专业机构进行维修和恢复精度。

环境控制：铸铁平板应安置在恒温和湿度可控的环境中，避免阳光直射或风吹，以防温度梯度造成平板变形。

续表

示例	含义
面对面平行度公差	
（图示：基准平面与平行平面，标注 t）	公差带是距离为公差值 t 且平行于基准面的两平行平面之间的区域

（三）影响平行度公差的因素

（1）制造工艺。制造过程中的工艺水平直接影响平行度的达成。例如，在铣削加工中，如果进给方向与机床主轴轴线不垂直，就会影响到加工表面的平行度。

（2）设备精度。加工设备的精度是保证平行度的重要因素。设备的磨损、调整不当或精度不足都可能导致加工出的工件平行度不达标。

（3）夹具与定位。夹具的精度和工件的定位方式也会影响平行度。如果夹具基准面与工作台不平行，或者定位方式不准确，都会使加工出的工件平行度产生误差。

（4）操作者技能。操作者的技能水平和经验对平行度的控制至关重要。熟练的操作者能够准确地操作设备、调整工艺参数，并及时发现和解决加工过程中出现的问题。

（5）测量设备与方法。测量设备的精度和测量方法的选择也会影响平行度的测量结果。因此，在测量平行度时，需要选择高精度的测量设备，并采用科学合理的测量方法。

5.2.3 划线方箱

5.2.3.1 划线方箱结构

划线方箱是一种用于零部件的平行度、垂直度等检验和划线的工具，主要由铸铁或钢材制成，具有 6 个工作面的空腔正方体结构，其中一个工作面上还设有 V 形槽。划线方箱广泛应用于机械制造、汽车制造、航空航天、船舶制造等领域，是零部件检测、划线等工作的必备工具，如图 5-3 所示。

图 5-3 划线方箱

5.2.3.2 划线方箱分类

1）按材料分类

铸铁划线方箱、大理石划线方箱。

2）按功能分类

普通划线方箱、T 形槽划线方箱、磁性划线箱、万能划线方箱。

3）按精度等级分类

方箱标准将方箱分为 6 级，即 000、00、0、1、2、3 级。

5.2.3.3 划线方箱的使用与保养

1）划线方箱的使用

选择工件：根据需求选择需要划线的

（四）平行度公差示例（见表 5-4）

表 5-4 平行度公差示例

示例	解析
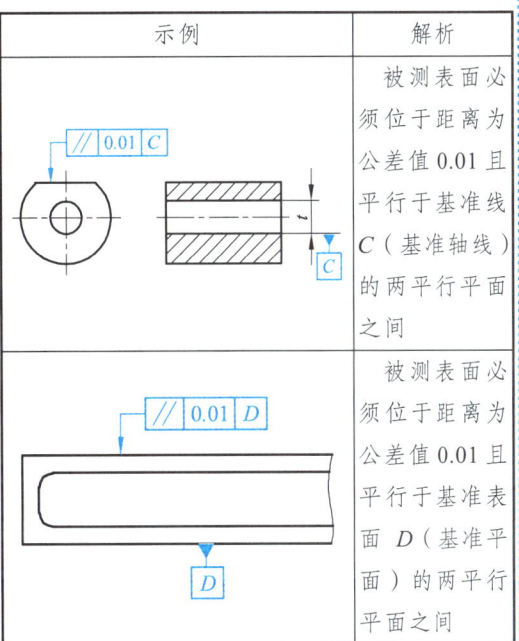	被测表面必须位于距离为公差值 0.01 且平行于基准线 C（基准轴线）的两平行平面之间
	被测表面必须位于距离为公差值 0.01 且平行于基准表面 D（基准平面）的两平行平面之间

二、平面度公差

（一）平面度公差含义

平面度公差是指实际平面对其理想平面所允许的变动全量，是实际表面对理想平面所允许的最大变动量。在工程技术领域，平面度公差是描述零件平面要素实际形状保持理想平面状况的一个重要指标。

（二）平面公差示例（见表 5-5）

表 5-5 平面度公差示例

示例	含义
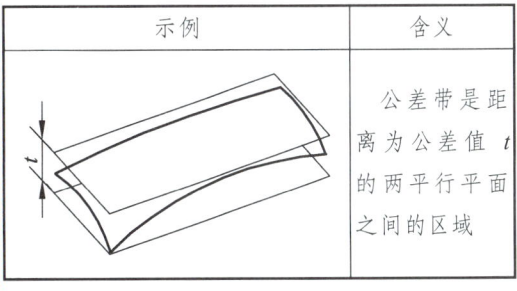	公差带是距离为公差值 t 的两平行平面之间的区域

零件。

安装夹具：方箱上通常安装有夹具，也可根据工件的不同更换合适的夹具。

清洁方箱：确保方箱的工作面干净无杂质。

2）划线方箱的保养

日常清洁：使用后应及时清洁方箱的工作面和非工作面，去除油污、灰尘等杂质。清洁时可使用柔软的布或纱布擦拭，避免使用硬物刮伤工作面。

防锈处理：清洁干净后，应在方箱的工作面和非工作面上涂抹适量的防锈油，以防生锈。防锈油应均匀涂抹，确保覆盖整个表面。

定期检查：定期检查方箱的各工作面是否有锈迹、划痕、裂纹等缺陷，如有应及时处理。检查夹具是否松动或损坏，如有应及时紧固或更换。

（三）影响平面度公差的因素

（1）加工设备的精度。加工设备（如机床、切割机等）的精度直接决定了加工出的平面质量。设备的精度越高，加工出的平面越接近理想平面，平面度公差越小。

（2）工艺方法的合理性。不同的工艺方法会对平面度公差产生不同的影响。合理的工艺方法能够减少加工过程中的误差和变形，从而提高平面度。

（3）测量方法的准确性。测量平面度时所使用的测量方法和测量设备的精度也会影响平面度公差的评定结果。

（四）平面度公差示例（见表5-6）

表5-6 平面度公差示例

示例	解析
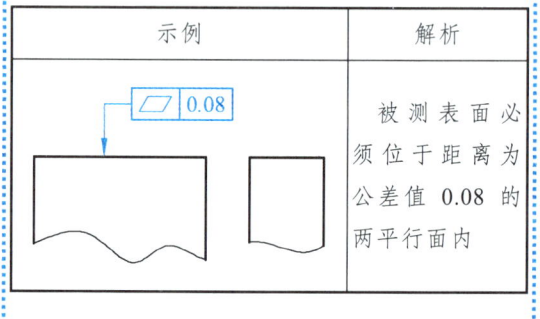	被测表面必须位于距离为公差值 0.08 的两平行面内

三、位置度公差

（一）位置度公差含义

位置度公差用于控制被测点、线、面的实际位置相对于其理想位置的位置度误差。理想要素的位置由基准及理论正确尺寸确定。根据被测要素的不同，位置度公差可分为点的位置度公差、线的位置度公差、面的位置度公差以及成组要素的位置度公差。

（二）位置度公差示例（见表 5-7）

表 5-7 位置度公差示例

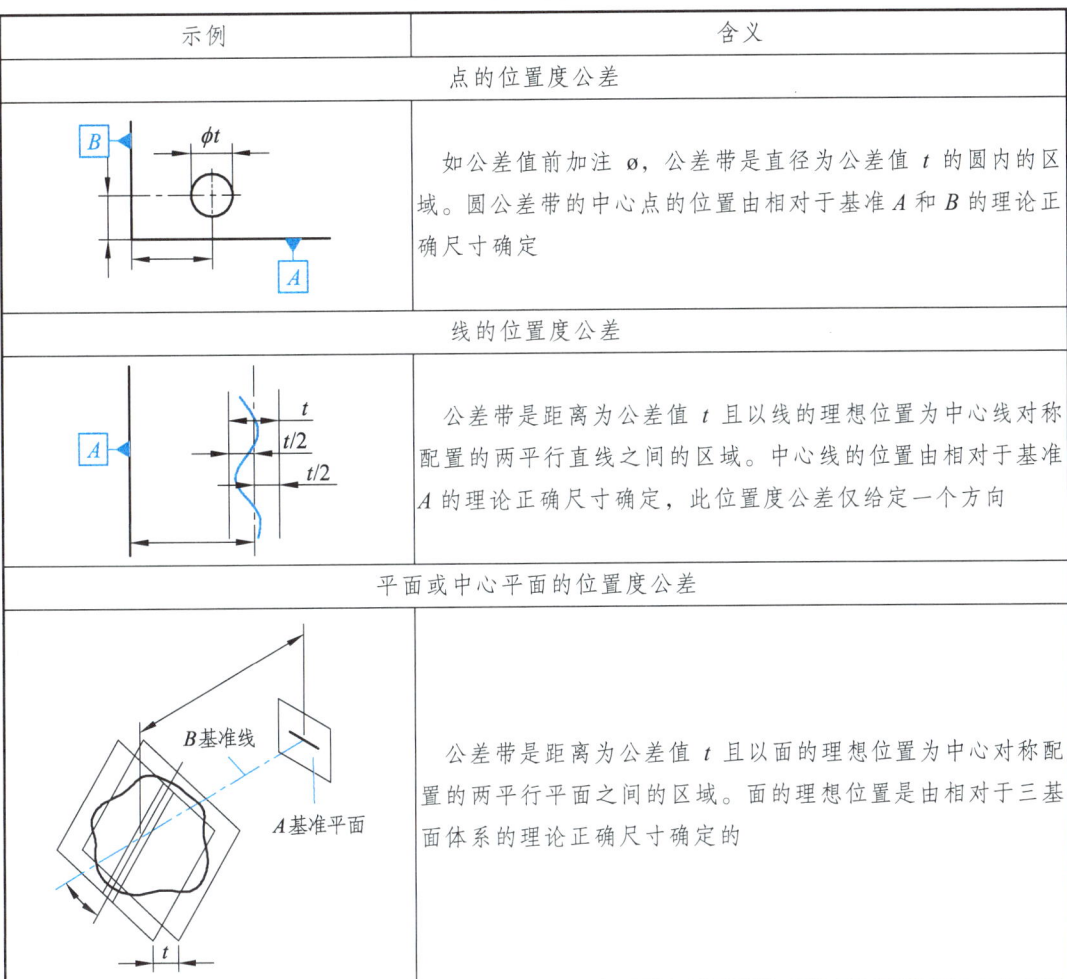

（三）影响位置度公差的因素

（1）加工工艺。不同的加工工艺对位置度公差的影响不同。例如，铣削、车削、磨削等工艺各有特点，需要根据零件的具体要求选择合适的工艺。

（2）切削参数。切削速度、进给量、切削深度等切削参数的选择会直接影响位置度公差。合理的切削参数能够减小加工误差，提高位置度公差精度。

（3）夹具定位精度。夹具的定位精度直接影响工件的位置度。如果夹具定位面存在铁屑积累、定位块松动或磨损等问题，都会导致工件位置偏移，从而影响位置度公差。

（4）夹具夹紧力。夹具夹紧力不足或夹紧机构存在问题也会导致工件在加工过程中发生移动或振动，进而影响位置度公差。

（四）位置度公差示例（见表5-8）

表5-8　位置度公差示例

示例	解析
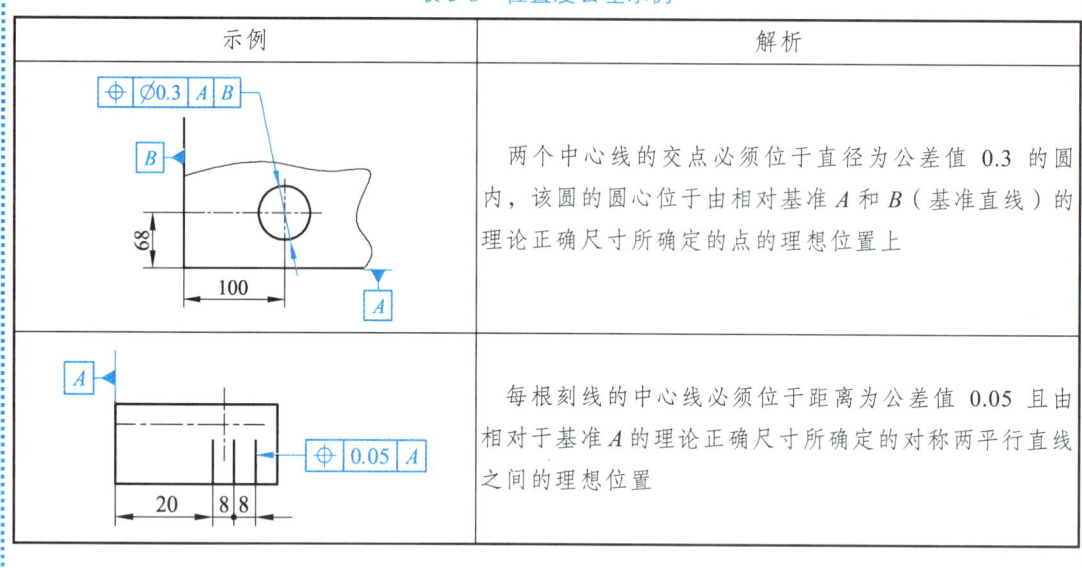	两个中心线的交点必须位于直径为公差值0.3的圆内，该圆的圆心位于由相对基准A和B（基准直线）的理论正确尺寸所确定的点的理想位置上
	每根刻线的中心线必须位于距离为公差值0.05且由相对于基准A的理论正确尺寸所确定的对称两平行直线之间的理想位置

5.3　箱体类零件手工检测模拟演练

5.3.1　测量准备工作

5.3.1.1　检查工具

检查双手、防污物品、工量检具，戴好防护手套，如图5-4所示。

 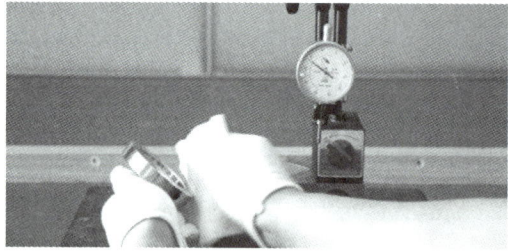

图5-4　准备工作

5.3.1.2　检查游标卡尺

擦净游标卡尺各测量爪，并将两个相对的量爪对齐，检验游标卡尺读数是否为"0"，如图5-5所示。若读数不为"0"且有读数时，记下此时的读数值。在测量时，可用测得的数据减去该读数值得到实际数据。轻轻移动游标，观察其移动是否平稳、无卡顿，并确认锁紧装置有效。

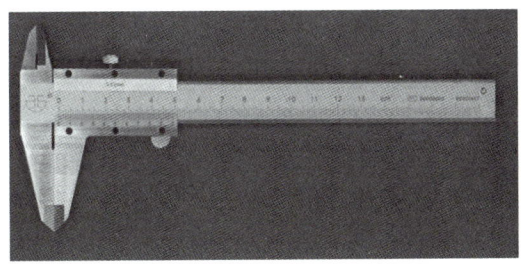
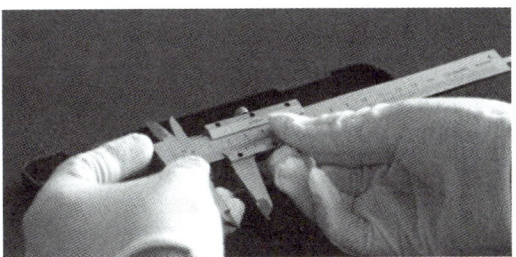

图 5-5 检查归"0"

5.3.1.3 检查千分尺

1)检查外观

检查各部位的相互作用,如图 5-6 所示。用棉丝擦净千分尺各部位表面后,旋转棘轮(螺微旋钮),要求其能轻快而灵活地带动微分筒旋转,测微螺杆移动要平稳,无卡住现象;微分筒与固定套筒之间无摩擦,锁紧住测微螺杆后棘轮能发出"咔咔"声。

2)校对"0"位

测量范围 0~25 mm 的千分尺直接校对;测量范围大于 25 mm 的千分尺用量杆或量块校对,如图 5-7 所示。直接校对时擦净两个测量面,旋转微分筒,两个测量面即将接触时轻转棘轮,发出"咔咔"声,微分筒"0"线与固定套筒基线重合,微分筒端面与固定套筒"0"线右边缘相切,此时"0"位正确。

3)调整"0"位

如图 5-8 所示,当"0"位不准时可用专用扳勾插入固定套筒的调整孔内(固定套筒"0"线的背面),扳动固定套筒转过一定角度,使千分尺"0"位对准。

若使用者本人不能调整,应送量具检修部门由专业人员进行调整。也可直接测量,在读数时加修正值。

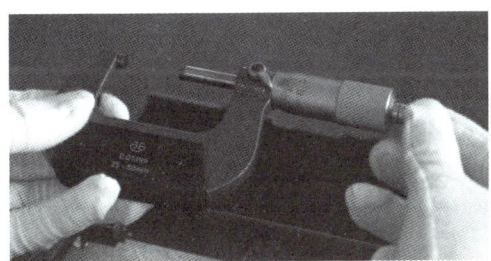
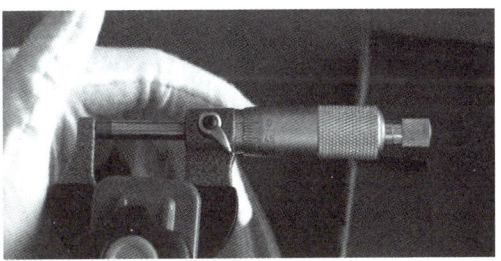

图 5-6 检查外观　　　　　图 5-7 校对"0"位

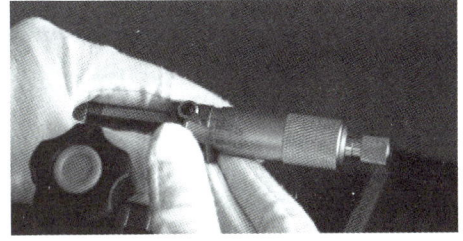

图 5-8 调整"0"位

5.3.1.4 检查内径百分表

1）检查外观

检查内径百分表是否完好无损,特别是测量臂和指示盘是否灵活且无损坏。清洁内径百分表和待测工件的内表面,确保没有油污、尘埃或任何可能影响测量准确性的杂质,如图5-9所示。

2）组装可换测头

根据零件简图中被测孔的公称尺寸,选择合适的可换测头,将可换测头装在表架头上并用螺母固定,使其尺寸比公称尺寸大0.5 mm左右,可用游标卡尺测量测头间的大致距离,如图5-10所示。

3）组装内径指示表

将指示表装入量杆,并使指示表预压0.2~0.5 mm,即指针偏转20~50小格,把指示表指针调整到"0"位,拧紧指示表的紧定螺母,如图5-11所示。

4）校对"0"位

将外径千分尺调节至被测孔的公称尺寸,并锁紧外径千分尺。然后把内径百分表测头置于外径千分尺的两测量面间,找到最小值,把指示表指针调整到"0"位,如图5-12所示。

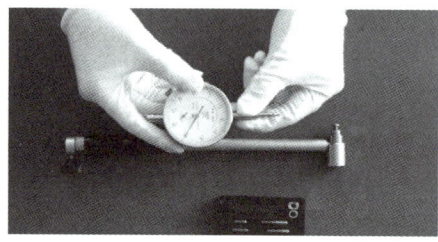
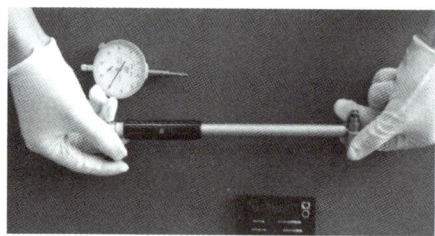

图5-9 检查外观

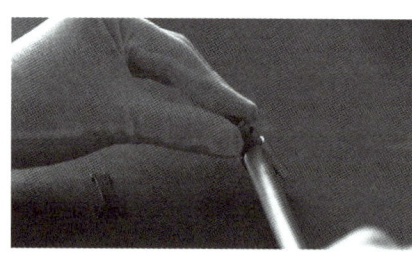

图5-10 组装可换侧头

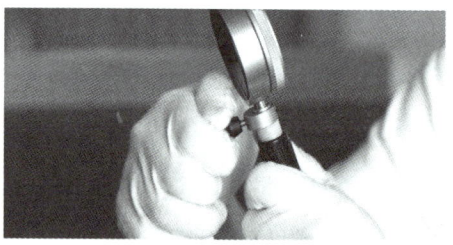

图5-11 组装内径指示表

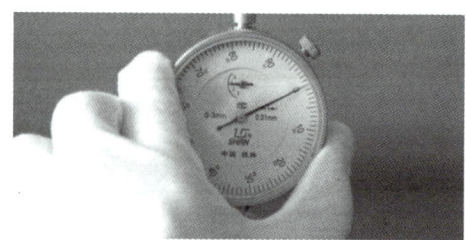

图5-12 校准"0"位

5.3.1.5 检查 V 形块、百分表、表架组合

检查 V 形块外观、清洁污渍，检查表架外观、清洁污渍、各个活动环节是否连接可靠。

5.3.2 平面度误差演练

5.3.2.1 测量器具

测量器具包括：百分表、表座、表架、平台、小千斤顶、被测件、全棉布数块、防锈油等。

视频：平面度误差的测量方法

5.3.2.2 测量步骤

① 擦净被测件表面，在被测件表面上标定测点并进行编号，标定测点根据被测平面大小而定，四周离边缘为 10～20 mm，如图 5-13 所示。

② 将被测件放置在支承在基准平台上的 3 个千斤顶上，3 个千斤顶应位于被测件上相距最远的 3 点。

③ 通过 3 个千斤顶支架调整被测平面上对角对应点 1、2、3 使其等高。此时，即以此 3 个千斤顶建立的平面作为测量基面。

④ 将百分表测量头与被测表面接触并保持垂直，将指针调"0"，且有 1～2 圈的压缩量，如图 5-14 所示，用百分表头在被测表面上的各点进行测量，并按编号记录百分表读数。

⑤ 整理实验仪器，完成实验报告。

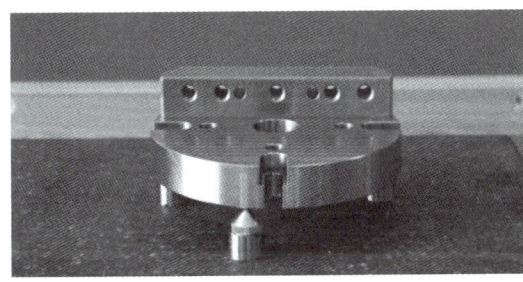

图 5-13 零件放置

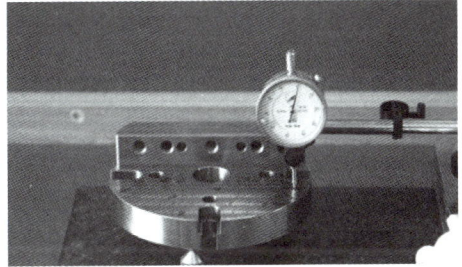

图 5-14 压表、归"0"

5.3.2.3 数据处理

测得数据中的最大读数值 M_{max} 与最小读数值 M_{min} 的差值，即为被测实际表面的平面度误差。其平面度误差计算公式为 $\Delta = M_{max} - M_{min}$。

5.3.2.4 检测报告

按步骤完成测量并将被测件的相关信息及测量结果填入检测报告单（表 5-9）中。

表 5-9 平面度误差检测报告单

测量数据记录											
序号	a1	a2	a3	a4	a5	b1	b2	b3	b4	b5	
数据	0.004	0.006	0	−0.001	0.004	0.004	0.002	0	0.003	0	
序号	c1	c2	c3	c4	c5	d1	d2	d3	d4	d5	
数据	0.003	0.002	−0.002	−0.003	0	0	0.002	0	0	−0.003	
序号	e1	e2	e3	e4	e5						
数据	0.003	0	−0.004	0.003	0						
平面度误差 $\Delta = M_{max} - M_{min} = 0.01\,mm$							结论:合格				

5.3.3 平行度误差演练(面对面平行度)

5.3.3.1 测量器具准备

测量器具包括百分表、表座、表架、平台、被测件、全棉布数块、防锈油等。

5.3.3.2 测量步骤

① 将被测零件放置在测量平台上,以底板底面作为基准面,如图 5-15 所示。
② 安装好表座、表架、百分表,调节表架,使百分表的测量头垂直于被测面,且使百分表的指针压半圈以上,转动表盘调节指针归"0",如图 5-16 所示。
③ 在整个被测表面上多方向地移动表架进行测量,并记录测量值 M。
④ 选出测量值 M 中的最大值 M_{max} 与最小值 M_{min}。
⑤ 利用公式 $\Delta = M_{max} - M_{min}$ 计算平行度误差。
⑥ 判定零件平行度误差是否符合要求。如果 $\Delta \leq \Delta_{标准}$,则零件平行度符合要求。
⑦ 将测量结果填入检测报告单中,判断工件的合格性。

图 5-15 零件放置

图 5-16 压表、归"0"

5.3.3.3 数据处理

根据测得的数据 M_{max} 和 M_{min},计算平行度误差为
$$\Delta = M_{max} - M_{min}$$

式中，M_{max} 为百分表的最大读数；M_{min} 为百分表的最小读数。

5.3.3.4 检测报告

按步骤完成测量并将被测件的相关信息及测量结果填入检测报告单（表 5-10）中。

表 5-10 平行度误差检测报告单（面对面）

测量数据记录										
序号	M1	M2	M3	M4	M5	M6	M7	M8	M9	M10
数据	0.01	−0.015	0.02	−0.01	0	0.02	0.015	−0.015	−0.02	0
序号	M11	M12	M13	M14	M15	M16	M17	M18	M19	M20
数据	−0.005	0	0.015	−0.01	0.015	0.01	0.01	0	−0.005	0.02
平行度误差 $\Delta = M_{max} - M_{min} = 0.04\,mm$								结论：合格		

5.3.4 平行度误差演练（线对面平行度）

5.3.4.1 测量器具准备

测量器具包括百分表、表座、表架、平台、心轴、被测件、全棉布数块、防锈油等。

视频：平行度误差的测量方法

5.3.4.2 测量步骤

① 将被测零件放置在测量平台上，并在销孔中插入检测销，以活动钳口底平面作为基准面，固定好被测零件，如图 5-17 所示。

② 安装好表座、表架、百分表，调节表架，使百分表的测量头垂直于检测销，且使百分表的指针压半圈以上，转动表盘调节指针归"0"，如图 5-18 所示。

③ 在检测销上确定出测量长度 L_2，并测出被测零件孔长 L_1，使 $L_2 = L_1$，记入实验报告数据表中。

④ 移动表架，在心轴的 L_2 长度的左右两端分别进行测量，并记录测量数据 M_1 和 M_2。

⑤ 记录数据，完成检测报告，清洁并整理实验器具。

图 5-17 零件放置

图 5-18 压表、归"0"

5.3.4.3 数据处理

根据测得的数据 M_1 和 M_2，垂直方向的平行度误差为

$$\Delta = \frac{L_1}{L_2}|M_1 - M_2|$$

式中，L_1 为被测轴线长度；L_2 为百分表两个位置间的距离；M_1、M_2 为测量长度 L_2 两端百分表读数值。

5.3.4.4 检测报告

按步骤完成测量并将被测件的相关信息及测量结果填入检测报告单（表 5-11）中。

表 5-11　平行度误差检测报告单（线对面）

测量数据记录		
L_1 = 20 mm	L_2 = 20 mm	
百分表读数	M_1 = 0.01	M_2 = −0.01
平行度误差 $\Delta = \frac{L_1}{L_2}|M_1 - M_2| = 0.02$ mm		结论：合格

5.4　实战操作

第一步：制定检测方案（见表 5-12）。

表 5-12　检测方案记录表

检测卡片		产品型号		零件名称	
		产品名称		零件图号	
工序号	工序名称	检测项目	技术要求	检测手段	检测方案	检测操作要求

续表

工序号	工序名称	检测项目	技术要求	检测手段	检测方案	检测操作要求

第二步：完成测量，并将有关几何尺寸数据填入表 5-13 中。

表 5-13　测量记录表

图纸要求	计量器具	实测数据			平均值	结论
		1	2	3		

续表

图纸要求	计量器具	实测数据			平均值	结论
		1	2	3		

第三步：完成测量，并将有关平面度公差数据填入表 5-14 中。

表 5-14 平面度误差检测报告单

测量数据记录											
序号	a1	a2	a3	a4	a5	b1	b2	b3	b4	b5	
数据											
序号	c1	c2	c3	c4	c5	d1	d2	d3	d4	d5	
数据											
序号	e1	e2	e3	e4	e5						
数据											
平面度误差 $\Delta = M_{max} - M_{min} =$							结论：				

第四步：完成测量，并将有关平行度公差数据填入表 5-15 中。

表 5-15　平行度误差检测报告单（面对面）

测量数据记录										
序号	M1	M2	M3	M4	M5	M6	M7	M8	M9	M10
数据										
序号	M11	M12	M13	M14	M15	M16	M17	M18	M19	M20
数据										
平行度误差 $\Delta = M_{max} - M_{min} =$							结论：			

第五步：完成测量，并将有关平行度公差数据填入表 5-16 中。

表 5-16　平行度误差检测报告单（线对面）

测量数据记录		
$L_1 =$	$L_2 =$	
百分表读数	$M_1 =$	$M_2 =$
平行度误差 $\Delta = \dfrac{L_1}{L_2}\|M_1 - M_2\| =$	结论：	

5.5　思考题

想一想，平面度、平行度还有哪些检测方法？

知识拓展

一、形位公差检测的方法

形位公差检测的方法多种多样，这些方法根据被检测要素的特性和精度要求的不同而有所差异。以下是一些常见的形位公差检测方法。

（一）直线度检测方法

1. 百分表测量法

使用百分表对工件进行直线度检测，通常将百分表固定在支架上，使测头与被测工件表面接触，沿工件表面移动并记录读数，通过计算最大与最小读数之差来确定直线度误差。

2. 塞规测量法

利用塞规通过孔或槽的方式，先使用极限塞规确定合格范围，再用直线度综合塞规测量，根据塞规能否通过来判断孔轴线的直线度。

3. 气动量仪测量法

将被测尺寸的变化转化为气体流动压力或流量的变化，通过测量这些变化来间接确定直线度误差。

4. 三坐标测量法

使用高精度的三坐标测量机，通过测量工件表面多个点的坐标值，经过数据处理后得出直线度误差。

（二）平面度检测方法

1. 百分表测量法

将百分表固定，工件待检面放于平板上，表头接触工件表面，移动工件并记录读数，通过计算最大值与最小值之差来确定平面度误差。

2. 平晶干涉法

利用光学平晶的工作面作为理想平面，通过干涉条纹的弯曲程度来确定被测表面的平面度误差。

3. 光波干涉法

类似于平晶干涉法，但通常用于更高精度的测量，可以生成干涉图案作为被检验表面的等高线。

4. 三坐标测量法

使用三坐标测量机对工件表面进行高精度扫描,通过数据处理得出平面度误差。

(三)圆度检测方法

1. 圆度仪测量法

利用回转轴法测量圆度,被测件与精密轴系同心安装,通过测量传感器感知圆度误差并转换为电量信号进行显示。

2. 千分尺、比较仪测量法

使用千分尺或比较仪测量圆截面上各直径间的最大差值之半作为该截面的圆度误差。

3. 投影仪测量法

将被测圆的轮廓影像与绘制在投影屏上的两极限同心圆进行比较,从而确定圆度误差。

(四)其他形位公差检测

1. 圆柱度检测

可使用内径百分表、圆度圆柱度测量仪或三坐标测量机进行检测。

2. 线轮廓度和面轮廓度检测

通常使用轮廓测量仪或三坐标测量机进行检测。

3. 平行度、垂直度、倾斜度检测

可使用百分表、平行度检测仪、三坐标测量机等工具进行检测,具体方法根据被测要素的特点和精度要求而定。

(五)总结

形位公差的检测方法多种多样,选择合适的检测方法需要根据被测要素的特性、精度要求以及现有检测设备的条件进行综合考虑。在实际应用中,可能还需要结合多种检测方法来确保测量结果的准确性和可靠性。

技术练兵

一、填空题

1. 平行度公差是一种_____公差,用于控制被测要素相对于基准要素在方向上的变动全量。

2. 平面度公差是指实际平面对其_____所允许的变动全量。

3. 位置度公差用于控制被测点、线、面的实际位置相对于其_____的位置度误差。
4. 铸铁平板应安装在_____、干燥的环境中，远离热源、有腐蚀的气体或液体。
5. 划线方箱按材料可分为_____划线方箱和大理石划线方箱。
6. 测量平面度时，若测得数据中的最大读数值为 M_{max}，最小读数值为 M_{min}，则平面度误差计算公式为_____。
7. 平行度误差演练（面对面平行度）中，计算平行度误差的公式为 $\Delta =$_____。
8. 平行度误差演练（线对面平行度）中，垂直方向的平行度误差计算公式为 $\Delta = \frac{L_1}{L_2}|M_1 - M_2|$，其中 L_1 为_____，L_2 为_____。
9. 影响平行度公差的因素包括制造工艺、设备精度、_____、操作者技能、测量设备与方法。
10. 形位公差检测方法中，直线度检测可采用百分表测量法、塞规测量法、气动量仪测量法和_____等。

二、选择题

1. 以下属于定向公差的是（　　）。
   A. 平行度公差　　B. 平面度公差　　C. 圆度公差　　D. 位置度公差
2. 划线方箱按精度等级分为（　　）级。
   A. 3　　B. 4　　C. 5　　D. 6
3. 测量平面度误差时，百分表测量头应与被测表面（　　）。
   A. 平行　　B. 垂直　　C. 成45°角　　D. 成任意角度
4. 平行度误差演练（线对面平行度）中，需在被测零件的（　　）中插入检测销。
   A. 螺纹孔　　B. 销孔　　C. 通孔　　D. 盲孔
5. 以下因素不会影响位置度公差的是（　　）。
   A. 加工工艺　　B. 切削参数　　C. 测量方法　　D. 夹具定位精度
6. 圆柱度公差带形状是（　　）。
   A. 两平行直线之间的区域
   B. 两平行平面之间的区域
   C. 半径差为公差值的两同轴圆柱面之间的区域
   D. 直径为公差值的圆柱面内的区域
7. 当给定一个方向时，线对线平行度公差带是（　　）。
   A. 距离为公差值 t 且平行于基准线、位于给定方向上的两平行平面之间的区域
   B. 距离为公差值 t 且平行于基准平面的平行平面之间的区域
   C. 距离为公差值 t 且平行于基准线的两平行平面之间的区域
   D. 距离为公差值 t 且平行于基准面的两平行平面之间的区域
8. 平面度公差示例中，公差带是（　　）的两平行平面之间的区域。
   A. 距离为公差值 t
   B. 半径差为公差值 t
   C. 直径为公差值 t
   D. 角度为公差值 t

9. 下列关于铸铁平板使用的说法正确的是（　　）。
   A. 可在任意环境下使用　　　　　　B. 工件重量可超过平板额定载荷
   C. 应使用整个工作平面　　　　　　D. 无需调整至合格精度
10. 位置度公差根据被测要素不同，可分为（　　）。
   A. 点的位置度公差、线的位置度公差
   B. 面的位置度公差、成组要素的位置度公差
   C. 点的位置度公差、线的位置度公差、面的位置度公差、成组要素的位置度公差
   D. 以上都不对

三、判断题

1. 平行度公差只用于控制两平面之间的平行程度。　　　　　　　　　（　　）
2. 平面度公差与平行度公差没有任何关系。　　　　　　　　　　　　（　　）
3. 划线方箱只能用于划线，不能用于检验。　　　　　　　　　　　　（　　）
4. 测量平行度误差时，百分表指针无需调"0"。　　　　　　　　　　（　　）
5. 位置度公差的理想要素位置仅由基准确定。　　　　　　　　　　　（　　）
6. 圆柱度公差可以同时控制圆度和素线直线度。　　　　　　　　　　（　　）
7. 铸铁平板的调整机构用于调整平板的厚度。　　　　　　　　　　　（　　）
8. 所有的形位公差检测都可以使用三坐标测量机完成。　　　　　　　（　　）
9. 影响平面度公差的因素只有加工设备的精度。　　　　　　　　　　（　　）
10. 线对面平行公差带是距离为公差值 t 且平行于基准平面的平行平面之间的区域。
　　　　　　　　　　　　　　　　　　　　　　　　　　　　　　　（　　）

四、简答题

1. 简述平行度公差的含义及分类。

2. 说明平面度公差的含义及影响因素。

3. 阐述位置度公差的含义及示例。

4. 简述铸铁平板的使用注意事项。

5. 说明划线方箱的保养方法。

6. 分析影响平行度公差的设备精度因素。

7. 比较平面度公差与平行度公差在检测方法上的异同。

8. 解释位置度公差中基准及理论正确尺寸的作用。

9. 举例说明如何根据零件要求选择合适的形位公差检测方法。

10. 简述在箱体类零件检测中,保证检测准确性的要点。

学习任务六　螺纹类零件检测

【学习目标】

- 能独立领取、阅读及核对检测任务通知单内容，明确检测任务。
- 能根据检测图纸要求，查阅资料，完成螺纹类样品图纸的分析，选取和校验量具。
- 能依据工量具使用规范，掌握普通和梯形螺纹的几何参数和标注方法。
- 能完成检测数据结果的整理及归纳汇总，规范填写尺寸检测报告。
- 能按照工量具和检测仪器的保养要求，完成螺纹千分尺、螺纹量规、公法线千分尺和三针等量仪常规维护保养。
- 能依据现场管理规范，完成工作现场的清理整顿，达到现场管理要求。

【考核要点】

根据螺纹类零件检测图样，使用螺纹千分尺、螺纹量规、公法线千分尺和三针等量具，以手工检测方式完成检测表中标注尺寸的检测，并输出尺寸检测报告。

【建议学时】

18学时。

【工作流程】

接受任务 → 检测前准备 → 零件检测 → 尺寸评价

| 1. 能正确领取、阅读、核对检测任务通知单。
2. 分析样品检测图纸。
3. 能与质量经理进行有效沟通，明确零件检测项目要求。 | 1. 能依据企业实际检测条件，制定检测工艺方案。
2. 能正确阅读作业指导书，确认检测标准。
3. 能根据零件特征，正确选择、校验检测器具。 | 1. 能规范、熟练使用公法线千分尺，完成螺纹测量。
2. 记录检测数据。
3. 能正确对工量具进行保养、检查和收纳。 | 1. 能分析并解决质量分析过程中的问题。
2. 能按照工作成果总结的要求，完成质量分析。 |

学习任务六 工 单					
零件名称		工时	18学时	班组	
检验员					
责任部门		检测中心编码		日期	
量具、量仪					
学习任务					
任务目标					

知识与技能	
实施过程	
尺寸评价	

成绩评定				
组内互评成绩	A（　）	、B（　）	、C（　）	教师评定成绩 （A、B、C 三等）
本人评定成绩	A（　）	、B（　）	、C（　）	

6.1 检测任务描述

为了保证某企业委托加工的螺纹轴加工质量,确保后期装配工作的顺利进行,需抽检 5 套产品,按照抽样检测标准,对照图纸及技术要求(见图 6-1),采用螺纹千分尺、螺纹量规、公法线千分尺和三针等工量具分别对普通螺纹和梯形螺纹的几何特征以及公差等级和基本偏差进行检测(见表 6-1),此任务属于螺纹类零件的检测。该项工作由教师下达工作任务,要求学生独立完成检测。

表 6-1 检测项目

序号	尺寸描述	尺寸要求	公差	上极限尺寸	下极限尺寸
1	外径	$\phi23_{-0.041}^{-0.020}$	0.021	22.98	22.959
2	长度(2处)	$36_{-0.100}^{+0.100}$	0.2	36.1	35.9
3	三角外螺纹	M28x2.5-6e	—	—	—
4	三角外螺纹	M20x2-6g	—	—	—
5	梯形螺纹	Tr34x5-6g	—	—	—
6	径向圆跳动	—	0.1	—	—
7	粗糙度(牙型面)	Ra1.6	—	—	—
8	梯形螺纹大径	$\phi34_{-0.335}^{+0.000}$	0.335	34	33.665
9	梯形螺纹中径	$\phi31.5_{-0.375}^{+0.000}$	0.375	31.5	31.125
10	梯形螺纹小径	$\phi28_{-0.165}^{+0.000}$	0.165	28	27.835

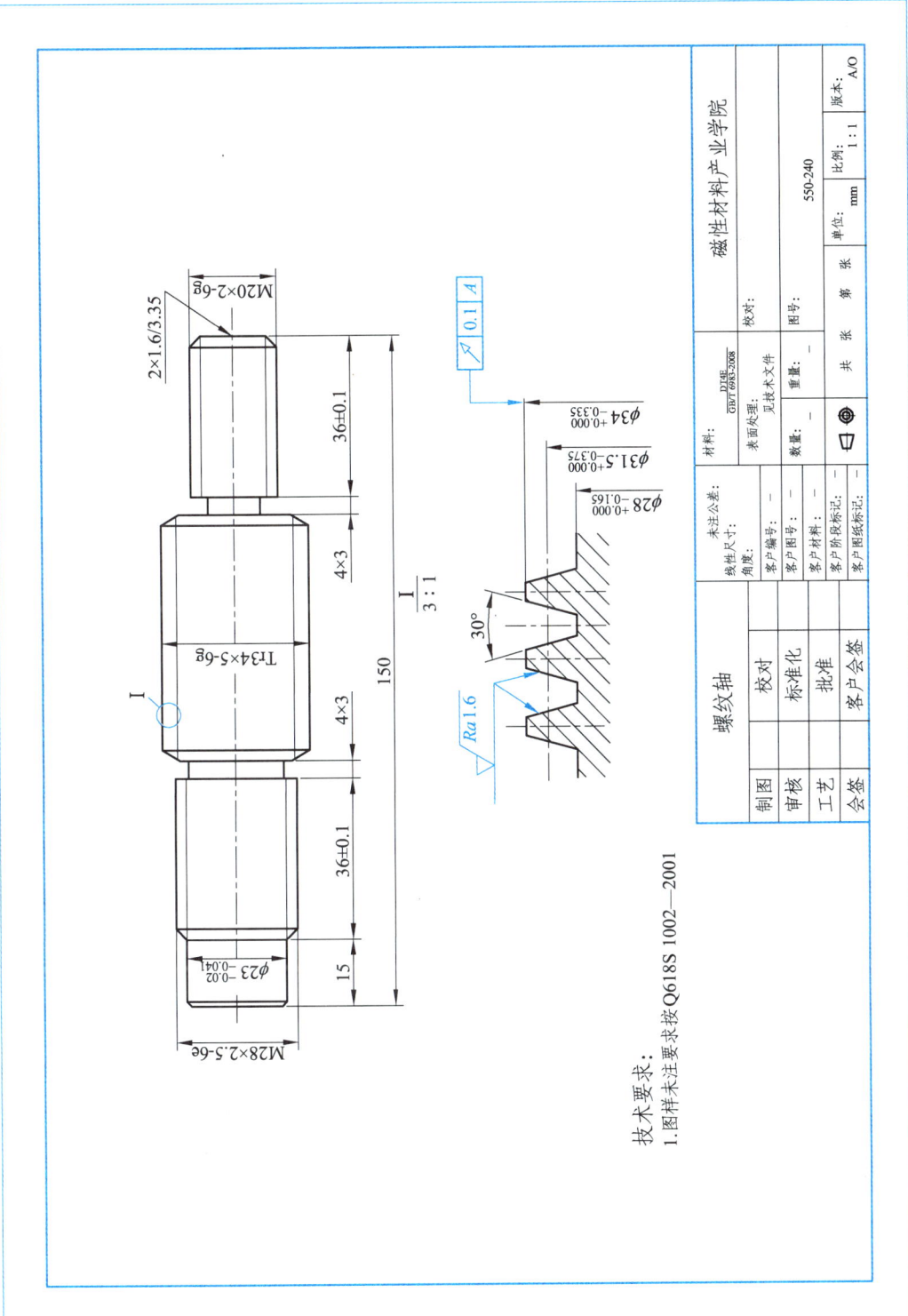

图 6-1　任务六零件图

6.2 量具配置准备

6.2.1 量具配置清单（见表 6-2）

表 6-2 量具配置清单

名称	规格	数量
螺纹量规	—	1 把
螺纹千分尺	0～25 mm / 0.01 mm	1 把
公法线千分尺	0～25 mm / 0.01 mm	1 套
三针	φ0.118 mm	1 套

6.2.2 螺纹量规

6.2.2.1 螺纹量规结构

螺纹量规指螺纹塞规和螺纹环规，如图 6-2 所示，螺纹塞规和螺纹环规都是用来检查螺纹工件的专用螺纹量规。

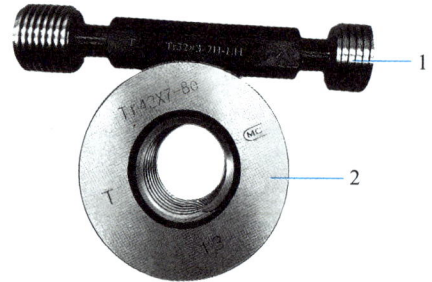

1—螺纹塞规；2—螺纹环规。

图 6-2 螺纹量规

6.2.2.2 螺纹量规规格和测量范围

按结构可分为螺纹塞规和螺纹环规。分别有通端螺纹塞规和止端螺纹塞规，以及通端螺纹环规和止端螺纹环规。螺纹量规属于专用量具，其具体尺寸规格根据使用标准要求确定。

知识搜索

一、普通螺纹的检测

（一）普通螺纹的主要参数

按 GB/T 192—2003 规定，普通螺纹的基本牙型如图 6-3 所示，它是在螺纹轴线平面上，将高度为 H 的原始等边三角形的顶部截去 $H/8$、底部截去 $H/4$ 后形成的。内、外螺纹的大径、中径、小径和螺距等基本几何参数都在基本牙型上定义。

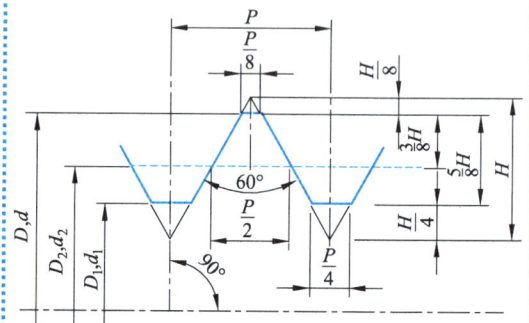

图 6-3 普通螺纹的基本牙型图

1. 大径（D 或 d）

大径是指与外螺纹牙顶或与内螺纹牙底相重合的假想圆柱面的直径。国家标准规定，将大径的基本尺寸作为螺纹的公称直径。

2. 小径（D_1 或 d_1）

小径是指与外螺纹牙底或内螺纹牙顶相重合的假想圆柱面的直径。外螺纹的大径和内螺纹的小径统称为顶径，外螺纹的小径和内螺纹的大径统称为底径。

3. 中径（D_2 或 d_2）

中径是一个假想圆柱面的直径，该圆柱面的母线位于牙体和牙槽宽度相等处，即 $H/2$ 处。

6.2.2.3 螺纹量规读数方法

1）使用前准备

用干净的棉布擦净被测工件的表面，清除铁屑、杂物、灰尘。

2）检验螺纹小径和大径

① 检查内螺纹小径：用通端螺纹塞规，应通过内螺纹小径；用止端螺纹塞规，不能通过内螺纹小径。

② 检查外螺纹大径：用通端螺纹环规，应通过外螺纹大径；用止端螺纹环规，不应通过外螺纹大径。

3）检验工作螺纹的作用中径

① 当通端螺纹塞规和环规检验工件时，应完全旋合通过工螺纹。

② 当止端螺纹塞规和环规检验工件时，螺纹塞规或螺纹环规不能完全旋合通过工件螺纹。

③ 操作时，止端螺纹塞规和止端螺纹环规检查工件螺纹中径允许与工件螺纹两端的螺纹部分旋合，旋合量应不超过两个螺纹（即不超过 2 牙）。对于 3 个或少于 3 个螺距的工件螺纹，应不完全旋合通过，未完全旋合通过，判为合格。

6.2.2.4 螺纹量规的使用与保养

① 使用前，应清除掉工件检验部分铁屑，防止划伤螺纹塞规或螺纹环规牙面。使用后用干净布擦净螺纹量规上的油污，在量规的测量面涂上防锈油。

视频：螺纹量规结构和使用方法

② 螺纹量规为精密量具，应轻拿轻放，

4. 单一中径（D_{2s} 或 d_{2s}）

单一中径是一个假想圆柱面的直径，该圆柱面的母线位于牙槽宽等于螺距基本尺寸一半处，如图 6-4 所示。

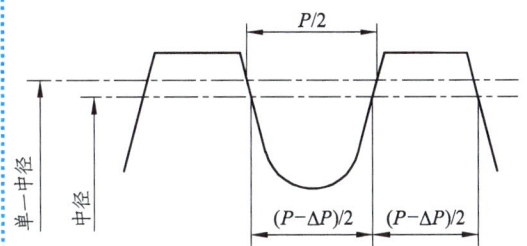

图 6-4 螺纹的单一中径与中径

5. 螺距（P）

螺距是相邻两牙在中径线上同名侧边所对应两点间的轴向距离。国家标准规定了普通螺纹的直径与螺距系列。

6. 牙型角（α）和牙型半角（$\alpha/2$）

牙型角是螺纹牙型上相邻两牙侧间的夹角，如图 6-5 所示。公制普通螺纹的牙型角 $\alpha = 60°$。牙型半角是牙型角的一半，公制普通螺纹的牙型半角 $\alpha/2 = 30°$。

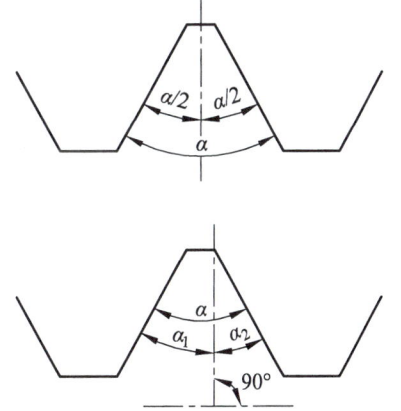

图 6-5 牙型角、牙型半角和牙侧角

7. 螺纹旋合长度

螺纹旋合长度是指两个相互配合的螺纹，沿螺纹轴线方向上相互旋合部分的长度。

严防磕碰工作面。

③ 螺纹量规放置地点要防振动、防滑落、防碰伤工作面或滑入深沟遗失。

④ 螺纹量规应定置摆放于无酸性、无碱性气氛的地方保存。不允许与工具（榔头、钳子等）、刀具、零件等杂物混放，不允许与其他量具触碰、叠放。

⑤ 螺纹量规必须严格按计量器具周期检定计划按时送检，检验合格后才能使用。

6.2.3 螺纹千分尺

6.2.3.1 螺纹千分尺结构

螺纹千分尺是利用螺旋副传动原理将回转运动变为直线运动，对V形测头与锥形测头之间分隔的距离进行测量读数的螺纹中径测量工具。螺纹千分尺除了测头外，其他结构与外径千分尺完全相同。它主要由调"0"装置、V形测头、锥形测头、测微螺杆、锁紧装置、固定套筒、微分筒、测力装置、尺架、隔热板组成，如图6-6所示。

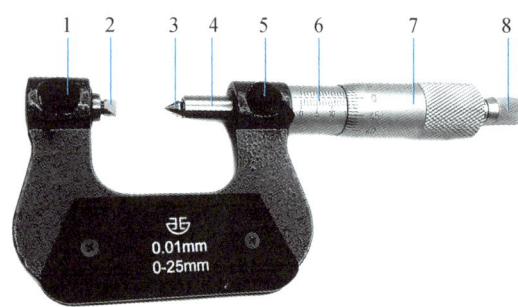

1—调"0"装置；2—V形测头；3—锥形测头；4—测微螺杆；5—锁紧装置；6—固定套筒；7—微分筒；8—测力装置。

图6-6 螺纹千分尺

6.2.3.2 螺纹千分尺规格和测量范围

螺纹千分尺规格有 0~25 mm、25~50 mm、50~75 mm、75~100 mm、125~150 mm。

配置时需注意，由于螺纹千分尺属于专

8. 螺纹接触高度

螺纹接触高度是指两个相互配合的螺纹牙型上，牙侧重合部分在垂直于螺纹轴线方向上的距离。

9. 原始三角形高度 H

原始三角形高度是指原始三角形顶点到底边的垂直距离。原始三角形为一等边三角形，H 与螺纹螺距 P 的几何关系为 $H = \sqrt{3}/2 P$。

（二）普通螺纹的标记

完整的螺纹标记由螺纹特征代号、尺寸代号、公差带代号、螺纹旋合长度代号、螺纹旋向代号及其他有必要进一步说明的相关信息组成，如图6-7所示。

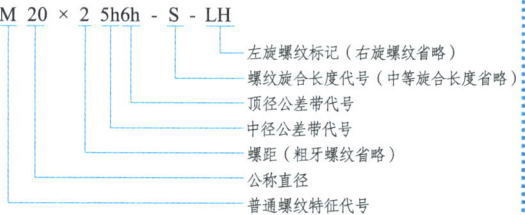

图6-7 普通螺纹的完整标注

1. 普通螺纹的代号

（1）螺纹特征代号：普通螺纹的螺纹特征代号用"M"表示。

（2）尺寸代号：单线螺纹的尺寸代号为"公称直径×螺距"，对于粗牙螺纹，螺距可以不标注；多线螺纹的尺寸代号为"公称直径×P_h导程P螺距"。

（3）公差带代号：包括中径公差带代号和顶径公差带代号，若两者相同，则只需标注一个。尺寸代号与公差带代号间用短线"-"分开。

（4）旋合长度代号：旋合长度分为三组，即短旋合长度组S、长旋合长度组L、中等旋合长度组N（不标注）。公差带代号与旋合长度代号间用短线"-"分开。

用量具，它的测头锥角（60°）和V形角是根据被测螺纹的牙型角和螺距的标准尺寸制造的，当被测件的牙型角和螺距有误差时，两个测头和被测牙型就不能很好地吻合，会产生较大的测量误差。

所以，螺纹千分尺不宜用于测量高精度的螺纹中径，只适用于测量6级~9级精度的外螺纹中径。因此，配置时要确认螺纹千分尺的允许误差应满足工艺质量检测标准要求。

6.2.3.3 螺纹千分尺读数方法

① 根据被测螺纹的公称直径和螺距选择合适的千分尺。特别注意测头上表示所测螺距的数字，而且V形测头与锥形测头应成对使用。

② 测量前，要用小毛刷蘸汽油把被测螺纹擦洗干净，以免造成测量误差。

③ 将螺纹千分尺的V形测头"卡口"跨在牙尖上，锥形测头插入牙沟内。

④ 测量时，轻轻晃动千分尺，使两个测头的测量面与螺纹牙型面接触紧密，而且使两个测头中心线与螺纹中心线垂直并相交。

⑤ 读出数据。螺纹千分尺的读数方法同外径千分尺。

6.2.3.4 螺纹千分尺的使用与保养

① 使用完毕，用干净棉布擦净螺纹千分尺的测量面和各部位，擦净测头并成对摆放备用，放入量具盒保存。

② 相对湿度90%以上或两天以上不用，在测头上和测微螺杆上涂防锈油。

③ 螺纹千分尺后盖松动时，拧紧后须校对"0"位再用；不允许在千分尺的固定套筒和微分筒之间注入机油和煤油。

④ 螺纹千分尺不允许摆放在振动的机床上；送检时，手推车上应垫以泡沫塑料或软布减震。

⑤ 螺纹千分尺不允许摆放在环境存在强

（5）旋向代号：左旋用"LH"表示，右旋不标注。螺纹旋合长度代号与旋向代号间用短线"-"分开。

2. 螺纹的标注

（1）螺纹在零件图上的标注方法如图6-8所示。

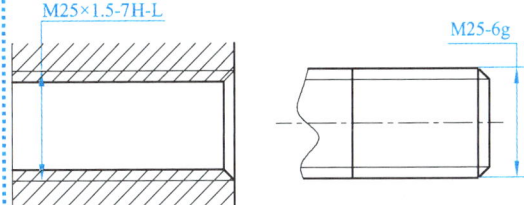

图6-8 螺纹在零件图上的标注方法

（2）螺纹在装配图上的标注方法：表示内、外螺纹配合时，内螺纹公差带代号在前，外螺纹公差带代号在后，中间用斜线分开，如图6-9所示。

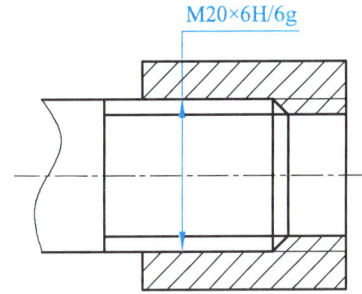

图6-9 螺纹在装配图上的标注方法

二、梯形螺纹的检测

（一）梯形螺纹的基本牙型

梯形螺纹的基本牙型是通过螺纹轴线的截面，按 GB/T 5796.1—2022 规定的削平高度将原始等腰三角形（牙型角为30°）截去顶部和底部所形成的内、外螺纹共有的牙型，如图6-11所示。

磁力的位置以及酸性氛围和潮湿的地方。

⑥ 螺纹千分尺应定置摆放，不允许与工具（榔头、钳子等）、刀具、零件等杂物混放，不允许与其他量具触碰叠放。

⑦ 螺纹千分尺应按计量器具周期检定计划送检，检定合格后才能使用。

6.2.4 公法线千分尺

6.2.4.1 公法线千分尺结构

公法线千分尺是利用螺旋副原理，对弧形尺架上两个盘形测量面分隔的距离进行读数的一种测量齿轮齿面公法线的测量工具。它由盘形测量面、测微螺杆、固定套筒、微分筒、测力装置、尺架隔热板组成，如图 6-10 所示。

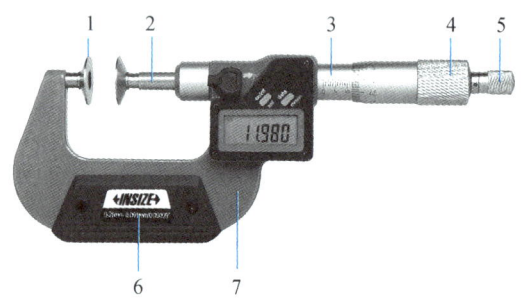

1—盘型测量面；2—测微螺杆；3—固定套筒；4—微分筒；
5—测力装置；6—隔热板；7—尺架

图 6-10 公法线千分尺

公法线千分尺规格：0~25 mm、25~50 mm、50~75 mm、75~100 mm、100~125 mm、125~150 mm。

6.2.4.2 公法线千分尺读数方法

① 根据被测齿轮的顶圆直径选择公法线千分尺的测量范围，如表 6-1 所示。

② 确定 n（跨测齿数）。确定跨测齿数有两种方法：一是根据图纸上确定；二是根据量具厂家在公法线千分尺量具盒内所附的跨测齿数表，进行查表确定，用查表法确定既方便

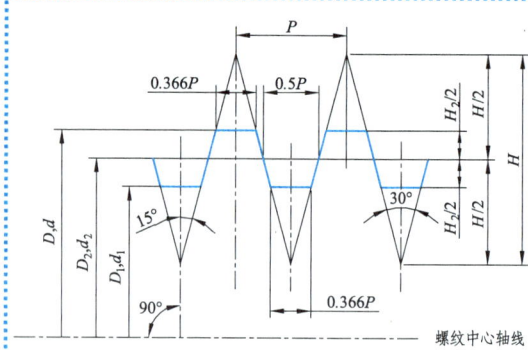

图 6-11 梯形螺纹的基本牙型

（二）梯形螺纹的标记

1. 梯形螺纹的代号

完整的梯形螺纹标记由螺纹特征代号、尺寸代号、公差带代号和螺纹旋合长度代号组成，如图 6-12 所示。

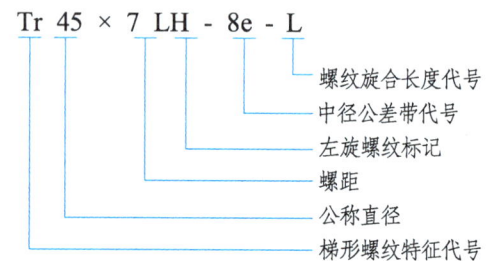

图 6-12 梯形螺纹的完整标记

（1）梯形螺纹特征代号：用"Tr"表示。

（2）尺寸代号：

a. 单线螺纹的尺寸代号为"公称直径×螺距"。

b. 多线螺纹的尺寸代号为"公称直径×导程（P 螺距）"。

c. 左旋用"LH"表示，右旋不标注。

（3）公差带代号：只标注中径公差带代号。尺寸代号与公差带代号间用短线"-"分开。

（4）螺纹旋合长度代号：螺纹旋合长度分为两组，即 N、L，当旋合长度组为 N 时不标注。公差带代号与螺纹旋合长度代号间用短线"-"分开。

又迅速，且不易发生计算误差。

③ 测量（公法线长度）。确定跨测齿数 n 后，就可以使用公法线千分尺进行测量。公法线千分尺的测量读数方法与外径千分尺相同。

6.2.4.3 公法线千分尺的使用与保养

① 擦净公法线千分尺盘形测量面和其他非工作面，涂上防锈油。

② 测量时，公法线千分尺的两个盘形测量面应在分度圆上与齿面接触，以避开齿形修缘部分和过渡曲线，因此，必须正确确定跨测齿数 n。

③ 相对湿度 90% 以上或两天以上不用，在盘形测头上和测微螺杆上涂防锈油。

④ 公法线千分尺后盖松动时，拧紧后须校对"0"位再用；不允许在千分尺的固定套筒和微分筒之间注入机油和煤油。

⑤ 公法线千分尺不允许摆放在振动的机床上；送检时，手推车上应垫泡沫塑料或软布减震。

⑥ 公法线千分尺不允许摆放在环境存在强磁力的位置以及酸性氛围和潮湿的地方。

⑦ 公法线千分尺应定置摆放，不允许与工具（榔头、钳子等）刀具、零件等杂物混放；不允许与其他量具触碰、叠放。

⑧ 公法线千分尺应按计量器具周期检定计划送检，检定合格后才能使用。

视频：公法线千分尺测量方法

6.2.5 三针

6.2.5.1 三针结构

三针主要是由标称直径相同的三根针组成一组的圆柱形钢质量具。

2. 梯形螺纹的标注

梯形螺纹在零件图上的标注如图 6-13 所示，在装配图上的标注如图 6-14 所示。

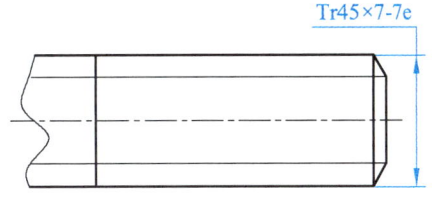

图 6-13　梯形螺纹在零件图上的标注方法

注意：单线螺纹只标注螺距，多线螺纹同时标注导程和螺距。

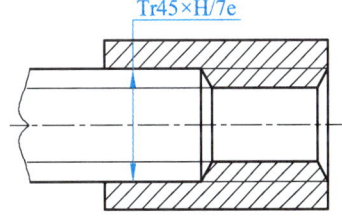

图 6-14　梯形螺纹在装配图上的标注方法

注意：当表示内、外螺纹配合时，内螺纹公差带代号在前，外螺纹公差带代号在后，中间用斜线分开。

三、用三针法测量螺纹中径

（一）三针法的测量方法

用三针法测量螺纹中径属于间接测量，具体方法：将三根直径相同的量针放在螺纹牙型的沟槽内，如图 6-16 所示，结合量仪或测微量具测出三根量针外素线之间的距离 M，再根据公式计算出螺纹的单一中径 d_{2s}。

若普通螺纹 $\alpha = 60°$，则

$$d_{2s} = M - 3d_0 + 0.866P$$

若梯形螺纹 $\alpha = 30°$，则

6.2.5.2 三针规格和测量范围

三针的标称直径规格：$\phi 0.118 \sim 2.970$ mm。

6.2.5.3 三针使用方法

见右侧使用方法。

6.2.5.4 三针的使用与保养

① 测量完毕，将三针擦净放入盒内保存。
② 不许混放，以免被压变形。
③ 若不用时，应涂上防锈油。
④ 应按计量器具周期检定计划送检，检定合格后才能使用。

6.3 螺纹手工检测模拟演练

6.3.1 测量准备工作

6.3.1.1 检查工具

检查双手、防污物品、工量检具，戴好防护手套，如图6-15所示。

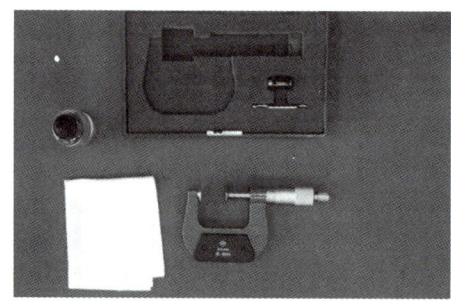

图6-15 准备工作

6.3.1.2 检查螺纹量规

螺纹量规的工作螺纹部位应无锈蚀、划伤及螺纹缺损等影响使用性能的缺陷。其他表面不应有锈蚀和裂纹。螺纹塞规的测头和手柄连接应牢固可靠，在使用过程中不应松动脱落。螺纹非工作面上应有螺纹代号、中径

$$d_{2s} = M - 4.864 d_0 + 1.866 P$$

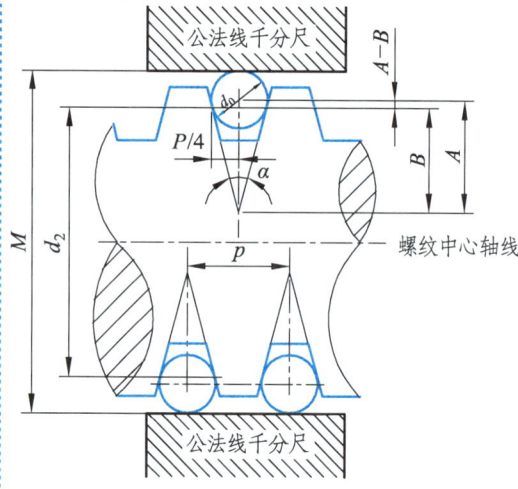

图6-16 用三针法测量外螺纹中径

（二）最佳量针

三针法的测量精度与所选量具的示值误差和量针本身的误差有关，还与被检螺纹的螺距误差和牙型半角误差有关。为了消除牙型半角误差对测量结果的影响，应选最佳量针，使它与螺纹牙型侧面的接触点恰好在中径线上，如图6-15所示。

（三）量针

当用三针法测量螺纹中径时，应根据被测螺纹的螺距选用相应公称直径的量针，如图6-18所示。在实际测量中，如果成套的三针中没有所需的最佳量针直径，那么可选择与最佳量针直径相近的三针来测量。

公差带代号及制造厂商标、出厂年月。对于公称直径小于 14 mm 的螺纹塞规，应在手柄上标有螺纹代号和中径公差，如图 6-17 所示。

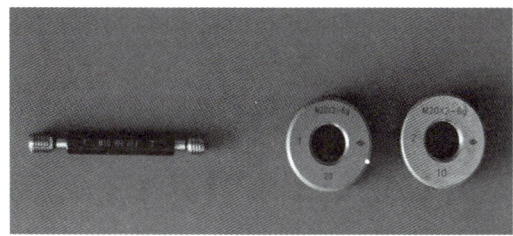

图 6-17　检查外观

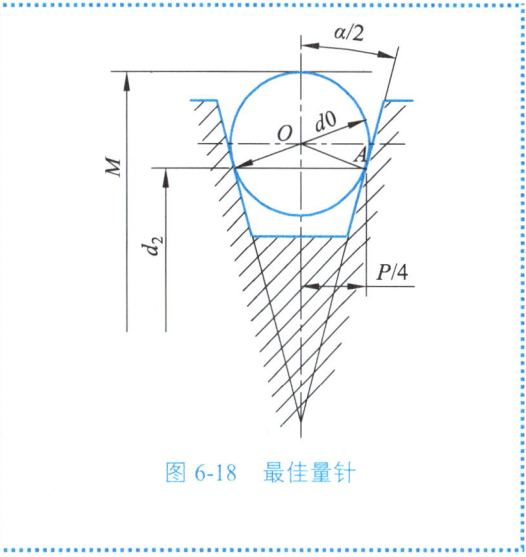

图 6-18　最佳量针

6.3.1.3　检查公法线千分尺

1）检查外观

检查各部位的相互作用，用棉丝擦净千分尺各部位表面后，旋转棘轮（螺微旋钮），要求其能轻快而灵活地带动微分筒旋转，测微螺杆移动要平稳，无卡住现象；微分筒与固定套筒之间无摩擦，锁紧住测微螺杆后棘轮能发出"咔咔"声，如图 6-19 所示。

2）校对"0"位

测量范围 0～25 mm 的千分尺直接校对；测量范围大于 25 mm 的千分尺用量杆或量块校对。直接校对时擦净两个测量面，旋转微分筒，两个测量面即将接触时轻转棘轮，发出"咔咔"声，微分筒"0"线与固定套筒基线重合，微分筒端面与固定套筒"0"线右边缘相切，此时"0"位正确，如图 6-20 所示。

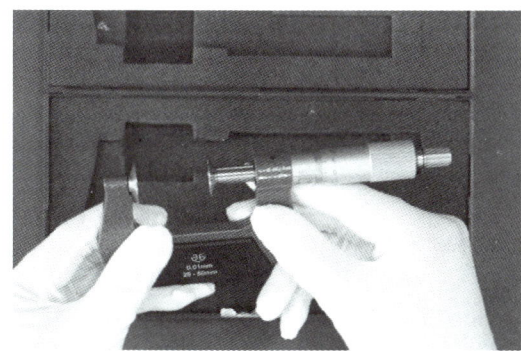

图 6-19　检查外观

图 6-20　校对"0"位

3）调整"0"位

当"0"位不准时可用专用扳勾插入固定套筒的调整孔内（固定套筒"0"线的背面），扳动固定套筒转过一定角度，使千分尺"0"位对准，如图 6-21 所示。

若使用者本人不能调整，应送量具检修部门由专业人员进行调整。也可直接测量，在读数时加修正值。

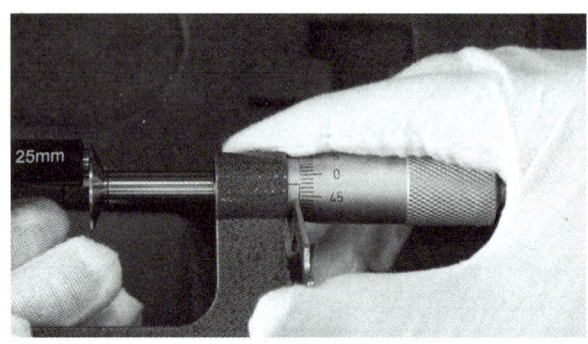

图 6-21　调整"0"位

6.3.1.4　检查螺纹千分尺

1）检查外观

方法与公法线千分尺相同。

2）校对"0"位

方法与公法线千分尺相同。

3）调整"0"位

方法与公法线千分尺相同。

6.3.1.5　检查三针

三针的工作面应无凹痕、锈蚀和划痕。三针的号牌上应标有标称直径、准确度等级和厂标，如图 6-22 所示。

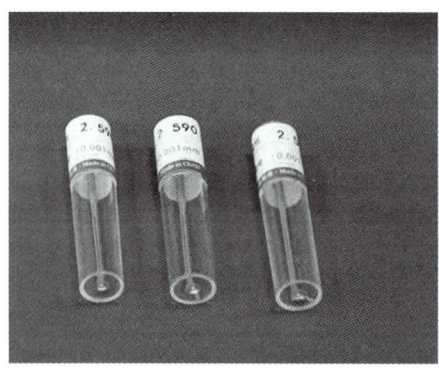

图 6-22　检查外观

6.4 实战操作

第一步：制定检测方案，填写表6-3。

表 6-3 检测方案

检测卡片		产品型号			零件名称	
^^	^^	产品名称			零件图号	
工序号	工序名称	检测项目	技术要求	检测手段	检测方案	检测操作要求

第二步：完成测量，并将有关几何尺寸数据填入表6-4中。

表 6-4　测量记录表

图纸要求	计量器具	实测数据			平均值	结论
		1	2	3		

第三步：完成测量，并将有关形位公差数据填入表6-5中。

表 6-5　测量记录表

图纸要求	计量器具	实测数据			平均值	结论
		1	2	3		

知识拓展

一、普通螺纹的公差与配合

(一) 普通螺纹的公差带

GB/T 197—2018《普通螺纹 公差》将螺纹公差带的两个基本要素——公差带大小(公差等级)和公差带位置(基本偏差)进行标准化,组成各种螺纹公差带。螺纹配合由内、外螺纹公差带组合而成。考虑到螺纹旋合长度对螺纹精度的影响,由螺纹公差带与螺纹旋合长度构成螺纹精度,从而形成了比较完整的螺纹公差制,如图6-23所示。

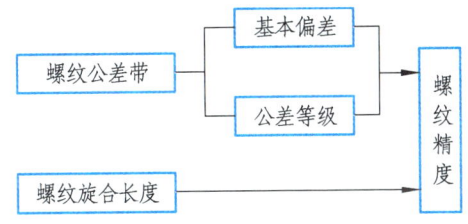

图 6-23 普通螺纹公差制结构

国家标准规定了内、外螺纹的公差等级,其值和孔、轴公差值不同,有螺纹公差的系列和数值。普通螺纹公差带的大小由公差值确定,公差值又与螺距和公差等级有关。

普通螺纹的公差等级见表6-6。各公差等级中3级最高,9级最低,6级为基本级。

表 6-6 普通螺纹的公差等级(摘自 GB/T 197—2018)

螺纹直径	公差等级	螺纹直径	公差等级
内螺纹中径 D_2	4, 5, 6, 7, 8	外螺纹中径 d_2	3, 4, 5, 6, 7, 8, 9
内螺纹小径 D_1	4, 5, 6, 7, 8	外螺纹大径 d	4, 6, 8

由于外螺纹的小径 d_1 与中径 d_2、内螺纹的大径 D 和中径 D_2,是同时由刀具切出的,其尺寸在加工过程中自然形成,由刀具保证,因此国家标准中对内螺纹的大径和外螺纹的小径均没有规定具体的公差值,只规定内、外螺纹牙底实际轮廓的任何点均不能超过基本偏差所确定的最大实体牙型。同时内螺纹较难加工,因此同样公差等级的内螺纹中径公差比外螺纹中径公差大 32% 左右,以满足工艺等价原则。

螺纹的公差值是由经验公式计算而来的,普通螺纹的中径和顶径公差见表6-7、表6-8。

表 6-7 普通螺纹的中径公差（摘自 GB/T 197—2018）

基本大径 (D, d) /mm		螺距 P /mm	公差等级									
			内螺纹中径公差 T_{D2} /μm				外螺纹中径公差 T_{d2} /μm					
>	≤		4	5	6	7	8	3	4	5	6	7	8	9
5.6	11.2	0.75	85	106	132	170	—	50	63	80	100	125	—	—
		1	95	118	150	190	236	56	71	90	112	140	180	224
		1.25	100	125	160	200	250	60	75	95	118	150	190	236
		1.5	112	140	180	224	280	67	85	106	132	170	212	265
11.2	22.4	1	100	125	160	200	250	60	75	95	118	150	190	236
		1.25	112	140	180	224	280	67	85	106	132	170	212	265
		1.5	118	150	190	236	300	71	90	112	140	180	224	280
		1.75	125	160	200	250	315	75	95	118	150	190	236	300
		2	132	170	212	265	335	80	100	125	160	200	250	315
		2.5	140	180	224	280	355	85	106	132	170	212	265	335
22.4	45	1	106	132	170	212	—	63	80	100	125	160	200	250
		1.5	125	160	200	250	315	75	95	118	150	190	236	300
		2	140	180	224	280	355	85	106	132	170	212	265	335
		3	170	212	265	335	425	100	125	160	200	250	315	400
		3.5	180	224	280	355	450	106	132	170	212	265	335	425
		4	190	236	300	375	475	112	140	180	224	280	355	450
		4.5	200	250	315	400	500	118	150	190	236	300	375	475

表 6-8 普通螺纹的顶径公差（摘自 GB/T 197—2018）

螺距 P /mm	公差等级							
	内螺纹小径公差 T_{D1} /μm					外螺纹大径公差 T_d /μm		
	4	5	6	7	8	4	6	8
0.75	118	150	190	236	—	90	140	—
0.8	125	160	200	250	315	95	150	236
1	150	190	236	300	375	112	180	280
1.25	170	212	265	335	425	132	212	335
1.5	190	236	300	375	475	150	236	375
1.75	212	265	335	425	530	170	265	425
2	236	300	375	475	600	180	280	450
2.5	280	355	450	560	710	212	335	530
3	315	400	500	630	800	236	375	600

（二）螺纹公差带的位置和基本偏差

普通螺纹公差带是以基本牙型为零线布置的，所以螺纹的基本牙型是计算螺纹偏差的基准。内、外螺纹的公差带相对于基本牙型的位置，与圆柱的公差带位置一样，由基本偏差来确定。对于外螺纹，基本偏差是上极限偏差 e；对于内螺纹，基本偏差是下极限偏差 E。则外螺纹下极限偏差 $ei = es - T$，内螺纹上极限偏差 $ES = EI + T$（T 为螺纹公差）。

国家标准对内螺纹的中径和小径规定了 H、G 两种公差带位置，以下极限偏差 E 为基本偏差，由这两种基本偏差所决定的内螺纹的公差带均在基本牙型之上，如图 6-24 所示。国家标准对外螺纹的中径和大径规定了 a、b、c、d、e、f、g、h 八种公差带位置，如图 6-25 所示。以上极限偏差 es 为基本偏差，由这八种基本偏差所决定的外螺纹的公差带均在基本牙型之下。

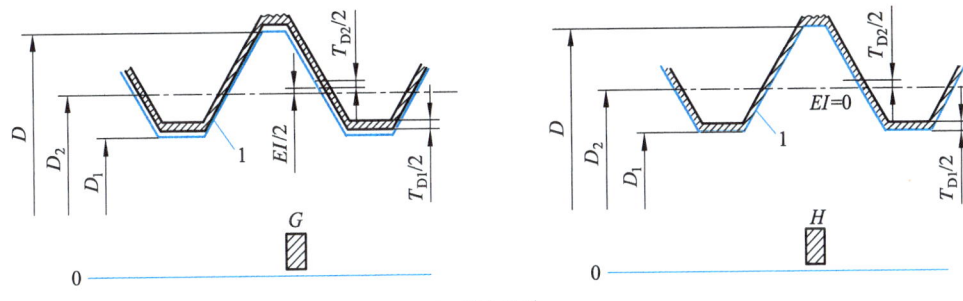

1—基本牙型。

图 6-24　内螺纹的基本偏差

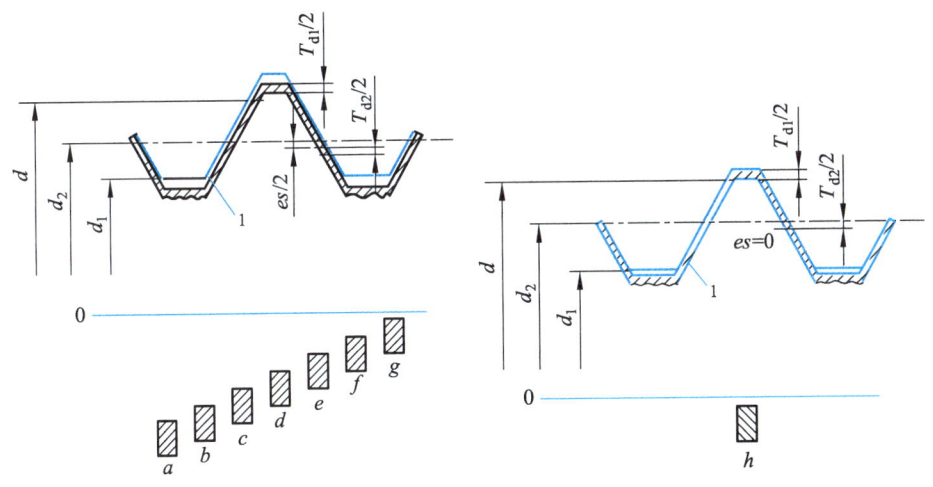

1—基本牙型。

图 6-25　外螺纹的基本偏差

内、外螺纹基本偏差的含义和代号取自相关公差与配合标准中对应的孔和轴，其值见表 6-9。标准中对内螺纹的中径和小径规定采用 G、H 两种公差带位置，对外螺纹大径和中径规定了 a、b、c、d、e、f、g、h 八种公差带位置。

表 6-9 普通螺纹的基本偏差（摘自 GB/T 197—2018）

螺纹基本偏差	内螺纹		外螺纹							
	G	H	a	b	c	d	e	f	g	h
螺距 P /mm	EI /μm		es /μm							
0.75	+22	0	—	—	—	—	−56	−38	−22	0
0.8	+24	0	—	—	—	—	−60	−38	−24	0
1	+26	0	−290	−200	−130	−85	−60	−40	−26	0
1.25	+28	0	−295	−205	−135	−90	−63	−42	−28	0
1.5	+32	0	−300	−212	−140	−95	−67	−45	−32	0
1.75	+34	0	−310	−220	−145	−100	−71	−48	−34	0
2	+38	0	−315	−225	−150	−105	−71	−52	−38	0
2.5	+42	0	−325	−235	−160	−110	−80	−58	−42	0
3	+48	0	−335	−245	−170	−115	−85	−63	−48	0

技术练兵

一、填空题

1. 普通螺纹的基本牙型是在螺纹轴线平面上，将高度为 H 的原始等边三角形的顶部截去_____、底部截去_____后形成的。

2. 普通螺纹的大径是指与外螺纹牙顶或与内螺纹牙底相重合的假想圆柱面的直径，国家标准规定，将_____作为螺纹的公称直径。

3. 普通螺纹中径是一个假想圆柱面的直径，该圆柱面的母线位于牙体和牙槽宽度相等处，即_____处。

4. 普通螺纹的螺距是相邻两牙在_____上同名侧边所对应两点间的轴向距离。

5. 公制普通螺纹的牙型角 $α=$_____，牙型半角 $α/2=$_____。

6. 螺纹旋合长度是指两个相互配合的螺纹，沿螺纹轴线方向上相互旋合部分的_____。

7. 普通螺纹的公差等级中，内螺纹中径有_____级，外螺纹中径有_____级，其中_____级为基本级。

8. 三针法测量螺纹中径时，若普通螺纹 $α=60°$，则单一中径 $d_{2s}=M-3d_0+$_____；若梯形螺纹 $α=30°$，则 $d_{2s}=M-4.864d_0+$_____。

9. 梯形螺纹的基本牙型是通过螺纹轴线的截面，按规定的削平高度将原始等腰三角形（牙型角为 30°）截去顶部和底部所形成的内、外螺纹共有的牙型，其牙型角为_____。

10. 梯形螺纹的公差带代号只标注_____公差带代号。

二、选择题

1. 普通螺纹的螺纹特征代号用（   ）表示。

   A. M   B. Tr   C. G   D. H

2. 以下属于普通螺纹基本几何参数的是（   ）。

A. 大径　　　　　B. 小径　　　　　C. 中径　　　　　D. 以上都是
3. 螺纹量规包括（　　）。
　　A. 螺纹塞规　　　　　　　　　　B. 螺纹环规
　　C. 螺纹塞规和螺纹环规　　　　　D. 以上都不是
4. 公法线千分尺主要用于测量（　　）。
　　A. 螺纹中径　　　　　　　　　　B. 齿轮齿面公法线
　　C. 圆柱直径　　　　　　　　　　D. 平面度
5. 用三针法测量螺纹中径属于（　　）。
　　A. 直接测量　　B. 间接测量　　C. 比较测量　　D. 绝对测量
6. 普通螺纹的公差带大小由（　　）确定。
　　A. 公差等级　　B. 基本偏差　　C. 螺纹旋合长度　D. 以上都是
7. 螺纹千分尺不宜用于测量（　　）精度的螺纹中径。
　　A. 3级～5级　　B. 6级～9级　　C. 10级～12级　D. 高精度
8. 梯形螺纹特征代号用（　　）表示。
　　A. M　　　　　B. Tr　　　　　C. G　　　　　D. H
9. 公法线千分尺的测量读数方法与（　　）相同。
　　A. 游标卡尺　　B. 内径千分尺　C. 外径千分尺　D. 深度千分尺
10. 三针的标称直径规格范围是（　　）。
　　A. 0.1～1.0 mm　　　　　　　　B. 0.118～2.970 mm
　　C. 1.0～5.0 mm　　　　　　　　D. 5.0～10.0 mm

三、判断题

1. 普通螺纹的小径是指与外螺纹牙底或内螺纹牙顶相重合的假想圆柱面的直径。（　　）
2. 螺纹量规在使用前不需要清洁被测工件表面。　　　　　　　　　　（　　）
3. 螺纹千分尺的测头锥角和V形角是根据被测螺纹的牙型角和螺距的标准尺寸制造的。
　　　　　　　　　　　　　　　　　　　　　　　　　　　　　　　　（　　）
4. 公法线千分尺可以随意摆放，不需要注意环境因素。　　　　　　　（　　）
5. 三针在使用完毕后不需要涂防锈油。　　　　　　　　　　　　　　（　　）
6. 普通螺纹的公差等级中，内螺纹中径公差比外螺纹中径公差大。　　（　　）
7. 螺纹的基本牙型是计算螺纹偏差的基准。　　　　　　　　　　　　（　　）
8. 梯形螺纹的公差带位置和普通螺纹相同。　　　　　　　　　　　　（　　）
9. 用三针法测量螺纹中径时，量针的直径选择不重要。　　　　　　　（　　）
10. 公法线千分尺的两个盘形测量面应在分度圆上与齿面接触，以避开齿形修缘部分和过渡曲线。　　　　　　　　　　　　　　　　　　　　　　　　　　　（　　）

四、简答题

1. 简述普通螺纹的主要参数。

2. 说明普通螺纹的标记组成及各部分含义。

3. 阐述螺纹量规的使用方法及注意事项。

4. 如何用螺纹千分尺测量螺纹中径？

5. 简述公法线千分尺的读数方法及使用注意事项。

6. 解释三针法测量螺纹中径的原理。

7. 分析普通螺纹公差带的组成要素。

8. 比较普通螺纹和梯形螺纹在标记上的异同点。

9. 说明在螺纹检测中，如何保证测量的准确性。

10. 简述螺纹类零件检测的重要性。

学习任务七 常用量具的检定

【学习目标】

- 能独立领取、阅读及核对检测任务通知单内容,明确检测任务。
- 能根据计量性能要求,选取检定设备。
- 能依据通用技术要求,独立识别计量器具缺陷。
- 能依据国标,独立开展通用卡尺、千分尺和指示表的检定工作。
- 能完成检定数据结果的整理及归纳汇总,规范填写检定报告。
- 能依据现场管理规范,完成工作现场的清理整顿,达到现场管理要求。

【考核要点】

根据JJG 21—2008、JJG 30—2012、JJG 34—2022检定规程,使用专用测力仪、平晶、量块、塞尺、工业显微镜等仪器,以手工检定方式完成千分尺、游标卡尺、内径百分表的检定工作,并输出检定报告。

【建议学时】

12学时。

【工作流程】

接受任务 ——— 检测前准备 ——— 零件检测 ——— 尺寸评价

| 1. 能正确领取、阅读、核对检定任务通知单。
2. 能与质量部门进行有效沟通,明确量具检定项目要求。 | 1. 能依据国家检定规程,制定检定方案。
2. 能根据量具特征,正确选择检定量具、仪器。 | 1. 能规范、熟练使用工量器具,完成游标卡尺、千分尺、指示表的检定。
2. 能正确对量具、仪器进行保养、检查和收纳。 | 1. 能对检定数据结果进行归纳汇总。
2. 能分析并解决检定过程中的问题,并完成量具质量分析。 |

学习任务七 工 单						
零件名称		工时		12学时	班组	
检验员						
责任部门		检测中心编码			日期	
量具、量仪							
学习任务							
任务目标							

知识与技能	
实施过程	
尺寸评价	

成绩评定		
组内互评成绩	A（　）、B（　）、C（　）	教师评定成绩 （A、B、C 三等）
本人评定成绩	A（　）、B（　）、C（　）	

7.1 检测任务描述

数控加工事业部发生一起批量产品质量问题，经生产研发部门联合研判分析，认为产线检测存在测量不准确，量具存在质量瑕疵等原因。为了维护客户信誉，确保产品质量，加强质量控制，需要对通用游标卡尺、千分尺、指示表进行检定（见表7-1）。该项工作由教师下达工作任务，要求学生独立完成检定。

表 7-1 检定项目

序号	鉴定量具		检定项目
1	通用卡尺	通用技术要求	有制造厂名或商标、测量范围、分度值或分辨力和出厂编号；指示表的表蒙透明、洁净，无气泡，表盘刻线清晰、平直，无目力可见的断线和粗细不均；表面无划伤、碰伤、锈迹、脱漆、毛刺及影响外观质量的其他缺陷；后续检定和使用中检查的指示表，允许有不影响计量性能的外观缺陷；指示表的测杆移动应平稳、灵活、无卡滞现象；指针式指示表表圈转动平稳，静止可靠，与表体的配合无明显的松动，测杆移动时指针转动平稳、灵活，不得有卡住、阻滞和跳动现象
		检定项目	指针式指示表指针与刻度盘的相互位置、指针式指示表指针末端宽度与刻度盘的刻线宽度、测头测量面的表面粗糙度、指示表的行程、测量力、漂移、示值变动性、测杆径向受力对示值影响、示值误差、回程误差
2	千分尺	通用技术要求	千分尺不应有碰伤、锈蚀、带磁或其他缺陷，标尺刻线应清晰、均匀；应附有调整"0"位的工具，校对量应有隔热装置；应标有分度值、测量范围、制造厂名（或厂标）及出厂编号；各部件无卡滞现象
		检定项目	测微螺杆的轴向窜动和径向摆动、测砧与测微螺杆测量面的相对偏移、测力、刻线宽度及宽度差、指针与刻线盘的相对位置、微分筒锥面的端面棱边至固定套管刻线面的距离、微分筒锥面的端面与固定套管毫米刻线的相对位置、示值误差、测量面的平面度等
3	指示表	通用技术要求	卡尺表面应镀层均匀、标尺标记应清晰，表蒙透明清洁。不应有锈蚀、碰伤毛刺、镀层脱落及明显划痕；卡尺上必须有制造厂名或商标、分度值和出厂编号；尺框沿尺身移动应手感平稳，不应有阻滞或松动现象；游标尺刻线与主标尺刻线应平行，无目力可见的倾斜
		检定项目	标尺标记的宽度和宽度差、测量面的表面粗糙度、测量面的平面度、圆弧内量爪的基本尺寸和平行度、刀口内量爪的平行度、零值误差、示值变动性、漂移、示值误差和细分误差

检定量具如表 7-2 所示。

表 7-2 检定量具

量具类别/名称	量具类型	使用岗位说明	检定数量
通用卡尺/ 游标卡尺		数控铣产线师傅生产过程检测、质检员巡检	10 把
通用卡尺/ 带表卡尺		数控铣产线师傅生产过程检测、质检员巡检与抽检	10 把
通用卡尺/ 数显卡尺		磨床产线师傅生产过程检测、质检员巡检与抽检、检验检测实验室	5 把
千分尺/ 外径千分尺		数控铣产线师傅生产过程检测、质检员巡检	10 把
千分尺/ 数显外径千分尺		磨床、多线切割产线师傅生产过程检测、检验检测实验室、质检员巡检	10 把
指示表/ 指针式指示表		产线师傅生产过程检测、质检员巡检与抽检	3 把

7.2 通用卡尺检定

7.2.1 待检量具清单（见表 7-3）

表 7-3 待检量具清单

名称	规格	数量
游标卡尺	0～150 mm / 0.02 mm	1 把
带表卡尺	0～25 mm / 0.01 mm	1 把
数显卡尺	0～150 mm / 0.02 mm	1 把

7.2.2 游标卡尺

7.2.2.1 计量性能要求

1）标尺标记的宽度和宽度差

游标卡尺的主标尺和游标尺的标记宽度和宽度差应符合表 7-4 的规定。

表 7-4 标尺标记的宽度和宽度差

分度值	标尺标记宽度	标尺标记宽度差
0.02	0.08～0.18 mm	0.02 mm
0.05		0.03 mm
0.10		0.05 mm

带表卡尺的主标尺标记和圆标尺标记宽度及指针末端宽度应为 0.10～0.20 mm，宽度差应不超过 0.05 mm。

2）测量面的表面粗糙度

测量面的表面粗糙度应符合表 7-5 的规定。

表 7-5 测量面的表面粗糙度

分度值	表面粗糙度 Ra /μm			
	外量爪测量面	内量爪测量面	尺框测量面和尺身测量面	深度测量杆的测量面
0.01	0.2	0.4	0.2	0.8
0.02	0.2	0.4	0.2	0.8
0.05	0.4	0.4	0.4	0.8
0.10	0.4	0.4	0.4	0.8

3）测量面的平面度

测量面的平面度应不超过表 7-6 的规定

表 7-6　测量面的平面度

测量范围	外量爪测量面平面度	尺框测量面和尺身测量面在同一平面时平面度
0 < L ≤ 1000	0.003	0.005
1000 < L ≤ 2000	0.005	0.006

注：测量面边缘 0.2 mm 范围内允许塌边。

4）圆弧内量爪的基本尺寸偏差和平行度

首次检定的一般为 10 mm 或 20 mm 等整数，其偏差应符合表 7-7 的规定；后续检定的基本尺寸允许为 0.1 mm 的整倍数，保证使用的情况下可为卡尺分度值的整数倍，并在证书内页上注明。圆弧内量爪两测量面的平行度应不超过表 7-7 的规定。

表 7-7　圆弧内量爪的基本尺寸偏差和平行度

分度值	圆弧内量爪基本尺寸的极限偏差	圆弧内量爪两测量面的平行度
0.01	±0.01	0.01
0.02	±0.01	0.01
0.02	±0.02	0.01
0.10	±0.03	0.01

5）刀口内量爪的平行度

刀口内量爪的平行度应不超过 0.01 mm。

6）零值误差

游标卡尺量爪两测量面相接触（游标深度卡尺的尺框测量面和尺身测量面在同一平面）时，游标上的"0"标记和"尾"标记与主标尺相应标记应相互重合。其重合度应符合表 7-8 的规定。

表 7-8　"0"标记和"尾"标记与主标尺相应标记重合度

分度值	"0"标记重合度	"尾"标记重合度
0.02	±0.05	±0.010
0.05	±0.05	±0.020
0.10	±0.10	±0.030

带表卡尺量爪两测量面相接触时，圆标尺的指针应位于 12 点钟方位，左右偏位不大于一个标尺分度，此时毫米读数部位相对主标尺"0"标记的位置离线不大于标记宽度，压线不大于标记宽度的 1/2。

7）示值变动性

带表卡尺不超过分度值的 1/2。数显卡尺不超过 0.01 mm。

8）漂移

数显卡尺的数字漂移在 1 h 内不大于一个分辨力，带有自动关机功能的数显卡尺可不检此项。

9）示值误差和细分误差

游标、带表或数显卡尺外量爪、刀口内量爪的示值误差、深度卡尺的示值误差以及改显类卡尺的细分误差应符合表 7-9 的规定。带深度测量杆的卡尺，深度测量杆在 20 mm 点的示值误差应符合表 7-9 的规定。

游标、带表或数显卡尺外量爪示值误差在里外端两位置测量时，其读数之差不大于相应测量范围内最大允许误差的绝对值。

表 7-9 示值最大允许误差

测量范围上限	分度值		
	0.01，0.02	0.05	0.10
	示值最大允许误差		
70	±0.02	±0.05	±0.10
200	±0.03		
300	±0.04	±0.08	
500	±0.05		
1000	±0.07	±0.10	±0.15
1500	±0.11	±0.15	±0.20
2000	±0.14	±0.20	±0.25

7.2.2.2 通用技术要求

1）外观

卡尺表面应镀层均匀、标尺标记应清晰，表蒙透明清洁。不应有锈蚀、碰伤毛刺、镀层脱落及明显划痕，无目力可见的断线或粗细不匀等，以及影响外观质量的其他缺陷；卡尺上必须有制造厂名或商标、分度值和出厂编号；使用中和后续检定的卡尺，允许有不影响使用的外观缺陷。

2）各部分相互作用

游标尺刻线与主标尺刻线应平行，无目力可见的倾斜。游标尺标记表面棱边至主标尺标记表面的距离应不大于 0.30 mm；圆标尺的指针尖端应盖住短标记长度的 30%～80%；指针末端与标尺标记表面之间的间隙应不大于表 7-10 的规定。卡尺两外量爪合并时，应无目力可见的间隙。

表 7-10 指针末端与标尺标记表面之间的间隙

分度值	指针末端与标尺标记表面之间的间隙
0.01，0.02	0.7
0.05	1.0

7.2.2.3 计量器具控制

计量器具控制包括：首次检定、后续检定和使用中检查。

1）检定条件

检定室内温度（20+5）℃；检定室内相对湿度不大于80%；检定前，应将被检卡尺及量块等检定用设备置于平板或木桌上，其平衡温度时间见表 7-11 的规定。

表 7-11 平衡温度时间

测量范围上限 /mm	平衡温度时间 /h	
	置于平板上	置于木桌上
300	1	2
500	1.5	3
2000	2	4

2）检定项目和检定设备

通用卡尺的检定项目及主要检定设备列于表 7-12。

表 7-12 检定项目和检定设备

检定项目	主要检定设备	检定类别		
		首次检定	后续检定	使用中
外观	—	+	+	+
各部分相互作用	—	+	+	+
各部分相对位置	塞尺 MPE：±12 μm；工具显微镜 MPEV：3 μm，读数显微镜 MPEV：10 μm	+	+	−
标尺标记的宽度和宽度差	工具显微镜 MPEV：3 μm，读数显微镜 MPEV：10 μm	+	−	−
测量面的表面粗糙度	表面粗糙度比较样块 MPE：−17% ~ +12%	+	−	−
测量面的平面度	刀口形直尺 MPEV：2 μm	+	+	−
圆弧内量爪的基本尺寸和平行度	外径千分尺 MPE：+4 μm，测量力：6~7 N	+	+	−
刀口内量爪的平行度	10 mm 3 级或 5 等量块，外径千分尺 MPE：±4 μm，测量力：6~7 N	+	+	−
零值误差	1 级平板，工具显微镜 MPEV：3 μm，读数显微镜 MPEV：10 μm	+	+	+

续表

检定项目	主要检定设备	检定类别		
		首次检定	后续检定	使用中
示值变动性	3级或5等量块，1级平板	+	+	+
漂移	—	+	+	+
示值误差和细分误差	3级或5等量块，1级平板，内尺寸测量专用检具	+	+	+

注："+"表示应该检定，"—"表示可不检定。

3）检定内容与方法

① 外观：目力观察。

② 各部分相互作用：目力观察和手动试验。

③ 各部分相对位置：目力观察或用塞尺进行比较测量。

④ 标尺标记的宽度和宽度差：用工具显微镜或读数显微镜测量。对于游标卡尺应分别在主标尺和游标尺上至少各抽测3条标记测量其宽度，标记宽度差以受测所有标记中的最大与最小宽度之差确定；对于带表卡尺应分别在主标尺和圆标尺上至少各抽测3条标记测量其宽度，同时测量指针末端宽度，其宽度差以受测所有标记和指针末端中的最大与最小宽度之差确定。

视频：游标卡尺示值误差的检定

⑤ 测量面的表面粗糙度：用表面粗糙度比较样块比较测量。进行比较时，所用的表面粗糙度样块和被检测量面的加工方法应相同，表面粗糙度样块的材料、形状、表面色泽等也应尽可能与被检测量面一致。当被检测量面的加工痕迹深浅不超过表面粗糙度比较样块工作面加工痕迹深度时，则被检测量面的表面粗糙度一般不超过表面粗糙度比较样块的标称值。

⑥ 测量面的平面度：使用卡尺外量爪测量面的平面度，深度卡尺尺框测量面和尺身测量面位于同一平面时的平面度用刀口形直尺以光隙法测量。深度卡尺测量时先将尺框测量面置于1级平板上，移动尺身使其测量面与平板接触，紧固螺钉使尺框测量面和尺身测量面处在同一平面。测量时，分别在卡尺外量爪测量面、深度卡尺尺框测量面和尺身测量面的公共面的长边、短边和对角线位置上进行（见图7-1）。其平面度根据各方位的间隙情况确定。当所有检定方位上出现的间隙均在中间部位或两端部位时，取其中一方位间隙量最大的作为平面度。当其中有的方位中间部位有间隙，而有的方位两端部位有间隙，则平面度以中间和两端最大间隙量之和确定。

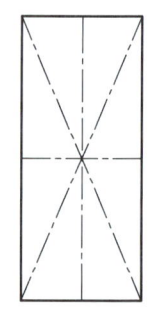

注：虚线为测量位置。

图7-1 测量面

⑦ 圆弧内量爪的基本尺寸偏差和平行度：测量时合并两量爪，用外径千分尺沿卡尺内量爪在平行于尺身方向的里端和外端分别测量，将测得值与基本尺寸之差中绝对值最大的作为测量结果。在其他任意方向测量时，实测偏差均不应超过平行于尺身方向的实测偏差。平行度以里端和外端测量值的差值确定。

⑧ 刀口内量爪的平行度：将1块尺寸为10 mm或20 mm的3级或5等量块的长边夹持于两外测量爪测量面之间，紧固螺钉后，该量块应能在量爪测量面间滑动而不脱落。用外径千

分尺沿刀口内量爪在平行于尺身方向测量,以刀口内量爪全长范围内最大与最小尺寸之差确定。

⑨ 零值误差:移动尺框,使游标卡尺或带表卡尺量爪两外测量面接触。对于游标深度卡尺,将尺框测量面与尺身测量面同时与平板接触。分别在尺框紧固和松开的情况下,用目力观察其重合度。必要时,用工具显微镜或读数显微镜测量。

⑩ 示值变动性:在相同条件下,移动尺框,使数显卡尺或带表卡尺量爪两外测量面接触;对于数显深度卡尺,将基准面与平板接触,移动尺身,使测量面与平板接触。重复测量 5 次并读数。示值变动性以最大与最小读数的差值确定。

⑪ 漂移:目力观察。在测量范围内的任意位置紧固尺框,在 1 h 内每隔 15 min 观察 1 次,记录实测值,取最大漂移的绝对值作为测量结果。

⑫ 示值误差和细分误差:示值误差用 3 级或 5 等量块测量。

对于卡尺,对每一测量点均应在量爪的里端和外端两个位置分别测量,量块工作面的长边和卡尺测量面长边应垂直。对于测量范围大于 1000 mm 的卡尺,检定时应用等高块将尺身支起,第一支点在主标尺"0"标记外侧 50 mm 以内,第二支点在尺框内侧 100 mm 以内,第三支点在测量上限标记外侧 50 mm 以内。测量点分布如表 7-13 所示。

表 7-13 测量点的分布

测量范围	测量点的分布	测量点
<300	3 点	101.30,1.60,291.90
		101.20,201.50,291.80
>300	6 点	80,161.30,240,321.60,400,491.90
		80,161.20,240,321.50,400,491.80

对于图 7-2 所示结构形式的深度卡尺,测量时按受检尺寸依次将两组同一尺寸的量块平行放置在 1 级平板上,使基准面的长边和量块工作面的长边方向垂直接触,再移动尺身,使其测量面和平板接触,测量时,量块应分别置于基准面的里端和外端两位置。

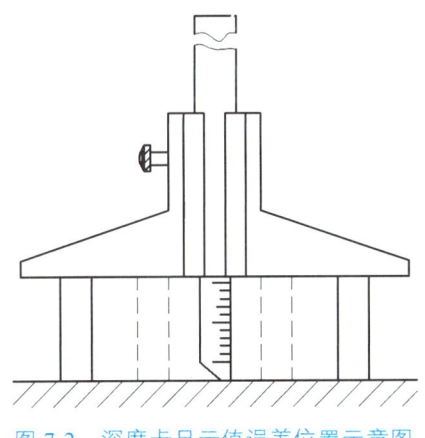

图 7-2 深度卡尺示值误差位置示意图

示值误差的测量应在螺钉紧固和松开两种状态下进行,如图 7-3 所示。无论尺框紧固与否,卡尺的测量面和基准面与量块表面接触应能正常滑动。接触时,有微动装置的应使用微动装置。

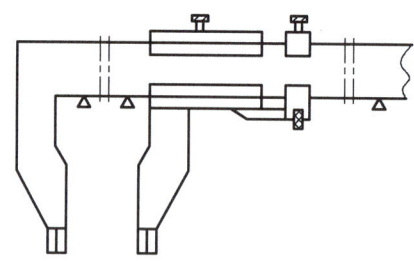

图 7-3 示值误差测量的支撑点示意图

在里端和外端两个位置的示值误差测量结果均应符合表 7-9 的规定。刀口外量爪和刀口内量爪的示值误差的检定方法同上。测量时，每一测量点应在刀口外量爪和刀口内量爪的中间位置进行测量。检定刀口内量爪的示值误差时应使用量块和内测量专用检具或相应的标准内尺寸作为内尺寸测量标准。

对于带有深度测量杆的卡尺，测量深度测量杆示值误差时，用两块尺寸为 20 mm 的量块置于 1 级平板上，使基准面与量块接触，测量杆测量面与平板接触，然后在尺身上读数，如图 7-4 所示。

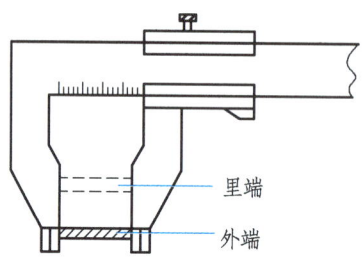

图 7-4 示值误差测量位置示意图

7.2.3 检定量具

7.2.3.1 检查外观

观察主卡尺和游标尺的刻度线是否清晰；推动齿框，查看齿框与主卡尺之间是否顺滑，有无卡滞现象；游标尺与主标尺刻线应平行，无目力可见的倾斜，如图 7-5 所示。

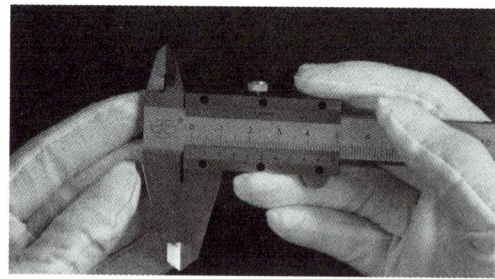

图 7-5 通用卡尺检定

7.2.3.2 校对"0"位

确认卡尺游标归"0"后，卡尺读数也归"0"。

7.2.3.3 选择量块

根据游标卡尺的规格和尺寸,选择检定规程中规定的 41.2 mm、81.5 mm、121.8 mm 三个量块。

7.2.3.4 外量爪误差检定

选择外量爪对三个量块进行测定,计算外端误差、里端误差、里外端误差。

7.2.3.5 内量爪误差检定

使用内尺寸专用检具对游标卡尺的刀口内量爪示值误差进行检定。

7.2.3.6 深度测量杆误差检定

用深度测量杆对 20 mm 量块进行测定,记录 20 mm 深度误差。

7.2.3.7 判断合格性

判断该卡尺读数的准确性,判断卡尺是否检定合格。填写表 7-14。

表 7-14 检定结果

序号	被检项目	检定结果	
1	外观		
2	各部分相互作用		
3	各部分相对位置		
4	标尺标记的宽度和宽度差	宽度	
		宽度差	
5	测量面的表面粗糙度		
6	测量面的平面度		
7	圆弧内量爪的基本尺寸偏差和平行度	基本尺寸偏差	
		平行度	
8	刀口内量爪的平行度		
9	零值误差	"0"标记	
		"尾"标记	
10	示值变动性		
11	漂移		
12	示值误差和细分误差	示值误差	
		细分误差	

检定员: 核验员:

注:1. 表中的检定项目和正文中的计量特性、检定项目相对应;

2. 检定结果应给出量化的值(不要简单给出"合格"二字)。

7.3 千分尺检定

7.3.1 待检量具清单（见表 7-15）

表 7-15 待检量具清单

名称	规格	数量
外径千分尺	0～150 mm / 0.02 mm	1 把
壁厚、板厚千分尺	0～25 mm /0.01 mm	1 把
数显外径千分尺	0～150 mm /0.02 mm	1 把

7.3.2 外径千分尺

7.3.2.1 计量性能要求

1）测微螺杆的轴向窜动和径向摆动

测微螺杆的轴向窜动和径向摆动均不大于 0.01 mm。

2）测砧与测微螺杆测量面的相对偏移

测砧与测微螺杆测量面的相对偏移量应不超过表 7-16 规定。

表 7-16 测砧与测微螺杆测量面的相对偏移量

测量范围上限	偏移量	测量范围上限	偏移量
25	0.05	175	0.25
50	0.08	200，225	0.30
75	0.13	250，275，300	0.40
100	0.15	325，350，375	0.45
125	0.20	400，450	0.50
150	0.23	475，500	0.65

3）测力

千分尺的测力（系指测量面与球面接触时所作用的力）应为 5～10 N。

4）刻线宽度及宽度差

微分筒刻线宽度为 0.08～0.20 mm，固定套管上的刻线与微分筒上的刻线的宽度差均应不大于 0.03 mm。带刻度盘的刻线宽度为 0.20～0.30 mm，其宽度差应不大于 0.05 mm。

5）指针与刻度盘的相对位置

板厚千分尺刻度盘上的指针末端应盖住刻线盘短刻线长度的 30%～80%，指针末端上表面至刻线度盘表面的距离应不大于 0.7 mm。指针末端与刻度盘刻线的宽度应一致，差值应不大于 0.05 mm。

6）微分筒锥面的端面棱边至固定套管刻线面的距离

微分筒锥面棱边至固定套管刻线表面的距离应不大于 0.4 mm。

7）微分筒锥面的端面与固定套管毫米刻线的相对位置

当测量下限调整正确后，微分筒上的"0"刻线与固定套管纵刻线对准时，微分筒的端面与固定套管毫米刻线右边缘应相切，若不相切，压线不大于 0.05 mm，离线不大于 0.1 mm。

8）测量面的平面度

外径千分尺测量面的平面度应不大于 0.6 μm。壁厚千分尺、板厚千分尺测量面的平面度应不大于 1.5 μm。数显外径千分尺测量面平面度应不大于 0.3 μm。

9）数显外径千分尺的示值重复性

数显外径千分尺的示值重复性应不大于 1 μm。

10）数显外径千分尺任意位置时数值漂移

在任意位置时的数值漂移应不大于 1 μm/h。

11）两测量面的平行度

外径千分尺锁紧装置坚固与松开时，千分尺两工作面的平行度均应不超过表 7-17 所示的规定。

表 7-17 外径千分尺示值的最大允许误差及两测量面的平行度

测量范围 /mm	最大允许误差 /μm	两测量面的平行度 /μm
0～25，25～50	±4	2
50～75，75～100	±5	3
100～125，125～150	±6	4
150～175，175～200	±7	5
200～225，225～250	±8	6
250～275，275～300	±9	7
300～325，325～350	±10	9
350～375，375～400	±11	
400～425，425～450	±12	11
450～475，475～500	±13	

板厚千分尺两测量面的平行度应不超过 4 μm。
数显外径千分尺两测量面的平行度应不超过表 7-18 所示的规定。

表 7-18　数显外径千分尺示值的最大允许误差及两测量面平行度

测量范围 /mm	最大允许误差 /μm	两测量面的平行度 /μm
0~25，25~50	±2	1.5
50~75，75~100	±3	2.0
100~125，125~150	±3	2.5
150~175，175~200	±4	3
200~225，225~250	±4	3.5
250~275，275~300	±5	4
300~325，325~350，350~375，375~400	±6	5
400~425，425~450，450~475，475~500	±7	6

12）示值误差

外径千分尺示值的最大允许误差应不超过表 7-17 所示的规定。

壁厚千分尺、板厚千分尺示值的最大允许误差应不超过 ±8 μm。数显外径千分尺示值的最大允许误差应不超过表 7-18 所示的规定。

对于测量上限大于 150 mm 的千分尺，可只检测微头示值误差，测微头各点相对于"0"点的示值最大允许误差不超过 ±3 μm。

13）数显外径千分尺细分误差

数显外径千分尺数显装置的细分误差应不超过 ±2 μm。

14）校对用量杆

外径千分尺校对用量杆的尺寸偏差和变动量应不超过表 7-19 所示的规定。

表 7-19　外径千分尺校对用量杆的尺寸偏差和变动量

校对量杆标称尺寸 /mm	尺寸偏差 /μm	变动量 /μm
25，50	±2	1
75	±3	1.5
100	±3	2
125	±4	2
150	±4	2.5
175	±5	2.5
200	±5	3.5
225，250	±6	3.5
275，300	±7	3.5
325，350，375，400	±9	4
425，450，475	±11	5

数显外径千分尺校对用量杆的尺寸偏差和变动量应不超过表 7-20 所示的规定。

表 7-20　数显外径千分尺校对用量杆的尺寸偏差和变动量

标称尺寸 /mm	尺寸偏差 /μm	变动量 /μm
25	±1.25	1
75	±1.5	1
100	±2	1
125，150，175	±2.5	1.5
200，225，250	±3.5	1.5
275，300	±4	2
325，350，375，400	±4.5	2.5
425，450，475	±5	3

7.3.2.2　通用技术要求

1）外观

千分尺及其校对用的量杆不应有碰伤、锈蚀、带磁或其他缺陷，标尺刻线应清晰、均匀，数显外径千分尺数字显示应清晰、完整；千分尺应附有调整"0"位的工具，测量上限大于或等于 25 mm 的千分尺应附有校对用的量杆。千分尺应具有测力装置、隔热装置和锁紧装置。校对量杆应有隔热装置；千分尺上应标有分度值、测量范围、制造厂名（或厂标）及出厂编号；后续检定和使用中检验的千分尺及其校对用的量杆不应有影响使用准确度的外观缺陷。

2）各部分的相互作用

微分筒转动和测微螺杆的移动应平稳无卡滞现象；可调或可换测砧的调整或装卸应顺畅，作用要可靠，调"0"和锁紧装置的作用应切实有效；带有表盘的千分尺，表针移动应灵活、无卡滞现象；数显外径千分尺各工作按钮应灵活可靠。

7.3.2.3　计量器具控制

计量器具控制包括首次检定、后续检定和使用中检验。

1）检定条件

环境条件：检定千分尺的室内温度和被检千分尺在室内平衡温度的时间均应符合表 7-21 所示的规定。室内湿度不大于 70% RH。

检定设备：主要检定设备见表 7-22。

2）检定项目

检定项目见表 7-22。

表 7-21　室内温度及被检千分尺在室内平衡温度的时间

受检千分尺名称	受检千分尺测量范围 /mm	室内温度对 20 ℃的允许偏差 /℃		平衡温度的时间 /h
		千分尺	校对用的量杆	
外径、板厚、壁厚	0~100	±5	±3	2
	>100~500	±4	±2	3
数显	0~100	±3	±1	3
	>100~200	±2	±1	4
	>200~500	±1	±1	5

表 7-22　检定项目及主要检定设备

受检项目	主要检定设备	首次检定	后续检定	使用中检验
外观	—	+	+	+
各部件相互作用	—	+	+	+
测微螺杆的轴向窜动和径向摆动	杠杆千分表	+	+	—
测砧与测微螺杆测量面的相对偏移	平板、杠杆百分表或百分表	+	—	—
测力	专用测力仪	+	+	—
刻线宽度及宽度差	工具显微镜	+	—	—
指针与刻线盘的相对位置	塞尺	+	—	—
微分筒锥面的端面棱边至固定套管刻线面的距离	工具显微镜、塞尺	+	—	—
微分筒锥面的端面与固定套管毫米刻线的相对位置	—	+	+	—
测量面的平面度	2 级平晶、刀口尺	+	+	—
数显外径千分尺的示值重复性	4 等量块或相应的专用量块	+	+	—
数显外径千分尺任意位置时数值漂移	—	+	+	+
两测量面的平行度	平行平晶、4 等、5 等量块、钢球检具	+	+	—
示值误差	4 等、5 等量块或相应的专用量块	+	+	—
数显外径千分尺细分误差	微分筒或 5 等量块	+	+	—
校对用量杆	立式接触式干涉仪、测长机、3 等量块	+	+	—

注："+"表示应该检定，"-"表示可不检定。

3）检定内容与方法

① 外观：目力观察。

② 各部分的相互作用：手动试验和目力观察。

③ 测微螺杆的轴向窜动和径向摆动：一般情况下用手感检查测微螺杆的轴向窜动和径向摆动。有异议时，可按下列方法检定。

视频：千分尺示值误差的检定

测微螺杆的轴向窜动，用杠杆千分表检定。检定时，杠杆千分表与测微螺杆测量面接触，沿测微螺杆轴向方向分别往返加力 3～5 N。杠杆千分表示值的变化，即为轴向窜动量。测微螺杆的径向摆动亦用杠杆千分表检定。检定时，将测微螺杆伸出尺架 10 mm 后，使杠杆千分表接触测微螺杆端部，再沿杠杆千分表测量方向加力 2～3 N，然后在相反方向加同样大小的力，此时杠杆千分表示值的变化即为径向摆动量。径向摆动的检定应在测微螺杆相互垂直的两个方向进行。

④ 测砧与测微螺杆测量面的相对偏移：一般情况下目力观察千分尺测砧与测微螺杆测量面的相对偏移，测量 0～25 mm 的千分尺可使两测量面直接接触观察其偏移量，测量上限大于 25 mm 的千分尺可借助校对量杆进行检定。如有异议时，可按下列方法进行检定。

测量范围为 0～25 mm 的千分尺用塞尺比较；测量上限大于 25 mm 的外径千分尺用专用检具测出偏移量，在平板上用杠杆百分表检定；对于测量范围大于 300 mm 的千分尺用百分表检定。检定时借助千斤顶放置在平板上，调整千斤顶使千分尺的测微螺杆与平板工作面平行，然后用百分表测出测砧与测微螺杆在这一方位上的偏移量 x，然后将尺架侧转 90°，按上述方法测出测砧与测微螺杆在另一方位上的偏移量 y。测砧与测微螺杆测量面的相对偏移量 Δ 按下式求得

$$\Delta = \sqrt{(x^2 + y^2)}$$

此项检定也可用其他专用检具检定。

⑤ 测力：用分度值不大于 0.2 N 的专用测力计检定。检定时，使测量面与测力计的球工作面接触后进行。

⑥ 刻线宽度及宽度差：在工具显微镜上检定。微分筒或刻线盘上的刻线宽度至少任意抽检 3 条刻线。此项检定也可采用满足不确定度要求的其他方法。

⑦ 指针与刻线盘的相对位置：指针末端与刻度盘短刻线的相对位置可用目力估计。指针末端上表面至刻度盘表面的距离应用塞尺进行检定。上述检定应在刻度盘上均匀分布的 3 个位置上进行。指针末端与刻度盘的刻线的宽度差在工具显微镜上检定。此项检定也可采用满足不确定度要求的其他方法。

⑧ 微分筒锥面的端面棱边至固定套管刻线面的距离：在工具显微镜上检定。也可用 0.4 mm 的塞尺置于固定套管刻线表面上用比较法检定。检定时在微分筒转动一周内不少于 3 个位置上进行。

⑨ 微分筒锥面的端面与固定套管毫米刻线的相对位置：当测量下限调整正确后，使微分筒锥面的端面与固定套管任意毫米刻线的右边缘相切时，读取微分筒的"0"刻线与固定套管纵向刻线的偏移量。

⑩ 测量面的平面度：对于新制的和修理后的千分尺，用二级平晶以技术光波干涉法检定，将平面平晶的测量面与千分尺测量面研合，调整平晶使测量面上的干涉环或干涉带的数目尽可能少，外径千分尺测量面不应出现 2 条以上，壁厚千分尺、板厚千分尺不应出现 5 条以上，数显千分尺不应出现 1 条以上相同颜色的干涉环或干涉带。对于后续检定的可用刀口尺用光隙法检定，在距测量面边缘 0.4 mm 范围内的平面度忽略不计。

⑪ 数显外径千分尺的示值重复性：在相同测量条件下重复测量 5 次分别读数。示值重复性以最大与最小读数的差值确定。

⑫ 数显外径千分尺任意位置时数值漂移：在测量范围内的任意位置锁紧测微螺杆，观察 1 h 内显示值的变化不超过规定值。

⑬ 两测量面的平行度：测量上限至 100 mm 千分尺两测量面的平行度用 4 块厚度差为 1/4 测微螺杆螺距的平行平晶检定。也可用量块检定，数显千分尺用 4 等量块检定，外径、板厚千分尺用 5 等量块检定。测量上限大于 100 mm 的千分尺两测量面的平行度用钢球检具检定。

两测量面的平行度也可用其他相应准确度的仪器检定。

使用平行平晶检定时，依次将 4 块厚度差为 1/4 螺距的平行平晶放入两测量面间，使两测量面与平行平晶接触，转动棘轮机构，并轻轻转动平晶，使两测量面出现的干涉环或干涉带数目减至最少。分别读取两测量面上的干涉条纹数，取两测量面上的干涉条纹数目之和与所用光的波长值的计算结果作为两测量面的平行度。利用平行平晶组中每一块平行平晶按上述程序分别进行检定，取其中最大值作为受检千分尺的两测量面平行度测量结果。

使用量块检定时，采用其尺寸差为 1/4 螺距的 4 块量块进行。每个量块以其同一部位放入测量面间的 4 个位置上分别在微分筒上读数，并求出其差值。以四组差值中最大值作为被检千分尺两测量面的平行度。

⑭ 示值误差：外径、壁厚、板厚千分尺示值误差用 5 等专用量块检定，数显千分尺用 4 等专用量块检定。各种千分尺的受检点应均匀分布于测量范围的 5 点上，如表 7-23 中所示。得出千分尺示值与相应量块尺寸的差值，各点上的示值误差均不应超过表 7-17 或表 7-18 所示最大允许误差的要求。

表 7-23 各种千分尺受检点

测量范围 /mm	受检点尺寸 /mm
0~10	2.12, 4.25, 6.37, 8.50, 10
0~15	3.12, 6.24, 9.37, 12.50, 15
0~25	5.12, 10.25, 15.37, 20.5, 25 或 5.12, 10.24, 15.36, 21.5, 25
大于 25	A+5.12, A+10.25, A+15.37, A+20.5, A+25 或 A+5.12, A+10.24, A+15.36, A+21.5, A+25

注：A 为千分尺的测量下限。

测量上限大于 100 mm 的千分尺，将专用量块依次研合在相当于千分尺测量范围下限的 5 等量块上依次进行检定。各点上的示值误差均不应超过表 7-17 或表 7-18 所示的规定。对于测量范围大于 2 mm 的千分尺应以相应的千分尺测量下限的量块对"0"。

测量上限大于 150 mm 的千分尺，在平面度、平行度、测砧与测微螺杆测量面的相对偏移等计量性能均满足要求的情况下,可以只检定测微头的示值误差。用专用量块借助专用检具按 0~25 mm 的千分尺受检点检定。

⑮ 数显千分尺细分误差:在测量范围任意位置上,沿测量方向转动微分筒,每间隔 0.04 mm 检定 1 次,共检定 12 点,分别读出各受检点数显装置的显示值与微分筒读数值之差。其最大差值应符合要求。对于没有微分筒的数显千分尺,可用量块检定。

⑯ 校对用量杆:外径千分尺校对用量杆的尺寸及变动量在光学计或测长机上采用 4 等量块以比较法进行检定。数显千分尺校对用量杆的尺寸及变动量在立式接触干涉仪或测长机上采用 3 等量块以比较法进行检定。也可用同等准确度的其他仪器检定。对于平测量面的校对用量杆应采用球面测帽进行检定,各点尺寸偏差均不应超过表 7-19 或表 7-20 所示的尺寸偏差规定。

检定校对用量杆的最大尺寸与最小尺寸之差不应超过表 7-19 或表 7-20 所示的变动量的规定。对于球测量面的校对量杆,应用直径为 8 mm 的平面测帽进行检定。

4)检定结果的处理

经检定符合本规程要求的出具检定证书,校对用量杆应给出实测值的最大值。不符合本规程要求的出具检定结果通知书,并注明不合格项目。

5)检定周期

千分尺的检定周期不超过 1 年。

7.3.3 检定量具

7.3.3.1 清洁量具

手持千分尺隔热板位置,清洁千分尺两侧端面,如图 7-6 所示。

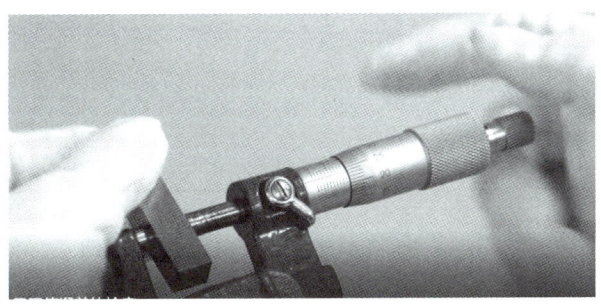

图 7-6 千分尺检定

7.3.3.2 固定量具

将千分尺水平加入座砧。

7.3.3.3 调整"0"位

旋转微分筒,使测微螺杆与测砧合并,再旋转测力装置,听到 3 声响动后停止,观察读数是否为 0，不为 0 值则使用工具调整套管使读数为 0。

7.3.3.4 千分尺尺寸和规格

选择检定规程中要求的量块，将 5 等专用量块放入测杆和侧砧之间，用测力旋钮拧入，直到听到 3 声响动停止。

7.3.3.5 锁住止动旋钮

锁住止动旋钮。

7.3.3.6 数据记录

读取数值并记录，计算示值误差，判断示值误差是否超过检定规程最大允许误差的要求，判断千分尺检定是否合格，并填写表 7-24。

表 7-24 检定结果

温度：　　　　℃　　　　　　　　　　　　　相对湿度：　　　　％

序号	主要检定项目	检定结果
1	千分尺的示值误差	
2		
3		
检定依据：JJG 21—2008《千分尺检定规程》。		

注：检定结果，应给出量化的值（不要简单给"合格"二字）。

7.4 指示检定

7.4.1 待检量具清单（见表 7-25）

表 7-25 待检量具清单

名称	规格	数量
指针式指示表	0～150 mm / 0.02 mm	1 个
数显式指示表	0～25 mm / 0.01 mm	1 个

7.4.2 指针式指示表

7.4.2.1 计量性能要求

1）指针式指示表指针末端宽度与刻度盘的刻线宽度

指针末端宽度与刻线宽度应一致。

刻线宽度应符合表 7-26 所示的规定。

表 7-26　刻线宽度

分度值	刻线宽度 /mm
0.01、0.1	0.15～0.25
0.001	0.10～0.20
0.002	

2）测头测量面的表面粗糙度

表面粗糙度应不超过表 7-27 所示的规定。

表 7-27　表面粗糙度

测头材料	钢	硬质合金
测头测量面的表面粗糙度	Ra 0.1	Ra 0.2

3）指示表的行程

指针式指示表的行程应超过其测量范围上限，超过量应符合表 7-28 规定。

表 7-28　指针式指示表的行程

分度值	测量范围上限 S /mm	超过量应不小于 /mm
0.01、0.1	$S ≤ 3$	0.3
	$3 < S ≤ 10$	0.5
	$10 < S ≤ 100$	1.0
0.002	$S ≤ 10$	0.05
0.001	$S ≤ 5$	0.05

数显式指示表的行程应超过测量范围上限，超过量应不小于 0.5 mm。

4）测量力

测量力应不大于表 7-29 所示的规定。

表 7-29　测量力

类别		测量范围上限 S /mm	最大测量力 /N	测量力范围 /N	测量力变化 /N	测量力落差 /N
分度值	0.1 mm	$S ≤ 10$	2.0	0.4～2.0	—	1.0
		$10 < S ≤ 20$	2.0	—	—	1.0
		$20 < S ≤ 30$	2.2	—	—	1.0
		$30 < S ≤ 50$	2.5	—	—	1.5
		$50 < S ≤ 100$	3.2	—	—	2.2
	0.01 mm	$S ≤ 10$	1.5	0.4～1.5	0.5	0.5
		$10 < S ≤ 20$	2.0	—	1.0	1.0
		$20 < S ≤ 30$	2.2	—	1.0	1.0

续表

类别		测量范围上限 S /mm	最大测量力 /N	测量力范围 /N	测量力变化 /N	测量力落差 /N
分度值	0.01 mm	30<S≤50	2.5	—	2.0	1.5
		50<S≤100	3.2	—	2.5	2.2
	0.002 mm	S≤10	2.0	0.4～2.0	0.6	0.6
	0.001 mm	S≤5	2.0	0.4～2.0	0.5	0.6
	0.01 mm	S≤10	1.5	—	0.7	0.6
		10<S≤30	2.2	—	1.0	1.0
		30<S≤50	2.5	—	2.0	1.5
		50<S≤100	3.2	—	2.5	2.2
	0.005 mm	S≤10	1.5	—	0.7	0.6
		10<S≤30	2.2	—	1.0	1.0
		30<S≤50	2.5	—	2.0	1.5
	0.001 mm	S≤1	1.5	—	0.4	0.4
		1<S≤3	1.5	—	0.5	0.4
		3<S≤10	1.5	—	0.5	0.5
		10<S≤30	2.2	—	0.8	1.0

5）漂移

数显式指示表测杆在任意位置时，数值漂移每小时应不大于1个分辨力数值。

6）示值变动性

示值变动性应不超过表7-30所增的规定。

7）测杆径向受力对示值影响

测杆径向受力对示值影响应不超过表7-30所示的规定。

表7-30 示值变动性和测杆径向受力对示值影响　　　　　　　　　　单位：mm

类别		测量范围上限 S	示值变动性	测杆径向受力对示值影响
分度值	0.1	S≤30	0.01	0.05
		30<S≤50	0.02	
		50<S≤100	0.03	0.01
	0.01	S≤10	0.003	0.005
		10<S≤100	0.005	
	0.002	S≤10	0.0005	0.001
	0.001	S≤5	0.0005	0.0005
	0.01	1<S≤100	0.01	0.02
	0.005	1<S≤50	0.005	0.010

续表

类别		测量范围上限 S	示值变动性	测杆径向受力对示值影响
分度值	0.001	$S \leq 1$	0.001	0.002
		$1 < S \leq 10$	0.002	
		$10 < S \leq 30$	0.003	

8）示值误差

应不超过表 7-31、表 7-32 中相应的规定。

表 7-31　指针式指示表的最大允许误差和回程误差限　　　　　单位：mm

分度值	测量范围上限 S	最大允许误差					回程误差限
		任意 0.05 mm	任意 0.1 mm	任意 0.2 mm	任意 1 mm	全量程	
0.1	$S \leq 10$	—	—	—	0.03	0.04	0.02
	$10 < S \leq 20$	—	—	—	0.03	0.05	0.02
	$20 < S \leq 30$	—	—	—	0.03	0.06	0.02
	$30 < S \leq 50$	—	—	—	0.03	0.08	0.03
	$50 < S \leq 100$	—	—	—	0.03	0.10	0.03
0.01	$S \leq 3$	—	0.005	0.006	0.010	0.014	0.003
	$3 < S \leq 5$	—	0.005	0.006	0.010	0.016	0.003
	$5 < S \leq 10$	—	0.005	0.006	0.010	0.020	0.003
	$10 < S \leq 20$	—	—	—	0.015	0.025	0.005
	$20 < S \leq 30$	—	—	—	0.015	0.035	0.007
	$30 < S \leq 50$	—	—	—	0.015	0.040	0.008
	$50 < S \leq 100$	—	—	—	0.015	0.050	0.009
0.002	$S \leq 1$	0.003	—	0.004	—	0.007	0.002
	$1 < S \leq 3$	0.003	—	0.005	—	0.009	0.002
	$3 < S \leq 5$	0.003	—	0.005	—	0.011	0.002
	$5 < S \leq 10$	0.003	—	0.005	—	0.012	0.002
0.001	$S \leq 1$	0.002	—	0.003	—	0.005	0.002
	$1 < S \leq 3$	0.0025	—	0.0035	0.005	0.008	0.0025
	$3 < S \leq 5$	0.0025	—	0.0035	0.005	0.009	0.0025

注：1. 任意 0.05 mm 段指 0~0.05 mm、0.05~0.10 mm……一系列 0.05 mm 测量段。

2. 任意 0.1 mm 段指 0~0.1 mm、0.1~0.2 mm……一系列 0.1 mm 测量段。

3. 任意 0.2 mm 段指 0~0.2 mm、0.2~0.4 mm……一系列 0.2 mm 测量段。

4. 任意 1 mm 段指 0~1 mm、1~2 mm……一系列 1 mm 测量段。

表 7-32　数显式指示表的最大允许误差和回程误差限　　　　　　单位：mm

分度值	测量范围上限 S	最大允许误差					回程误差限
		任意 0.02 mm	任意 0.2 mm	任意 1 mm	任意 2 mm	全量程	
0.01	S≤10	—	0.01	—	—	0.02	0.01
	10<S≤30	—	0.01	0.02	—	0.03	0.01
	30<S≤50	—	0.01	—	0.02	0.03	0.01
	50<S≤100	—	0.01	—	0.02	0.03	0.01
0.005	S≤10	—	0.010	—	—	0.015	0.005
	10<S≤30	—	0.010	0.010	—	0.015	0.005
	30<S≤50	—	0.010	—	0.015	0.020	0.005
0.001	S≤1	0.002	—	—	—	0.003	0.001
	1<S≤3	0.002	0.003	—	—	0.005	0.002
	3<S≤10	0.002	0.003	—	—	0.007	0.002
	10<S≤30	0.002	0.003	—	—	0.010	0.003

注：1. 任意 0.02 mm 段指 0～0.02 mm、0.02～0.04 mm……一系列 0.02 mm 测量段。
　　2. 任意 0.2 mm 段指 0～0.2 mm、0.2～0.4 mm……一系列 0.2 mm 测量段。
　　3. 任意 1 mm 段指 0～1 mm、1～2 mm……一系列 1 mm 测量段。
　　4. 任意 2 mm 段指 0～2 mm、2～4 mm……一系列 2 mm 测量段。

9）回程误差

回程误差应不超过表 7-31、表 7-32 中相应的规定。

7.4.2.2　通用技术要求

1）外观

指示表上必须有制造厂名或商标、测量范围、分度值或分辨力和出厂编号。指针式指示表的表蒙透明、洁净，无气泡，表盘刻线清晰、平直，无目力可见的断线和粗细不均；表面无划伤、碰伤、锈迹、脱漆、毛刺及影响外观质量的其他缺陷；数显式指示表显示屏应洁净、透明、无划痕、无气泡等影响外观质量的其他缺陷。数字显示应清晰、稳定、完整、无黑斑和闪跳现象，各功能键标注应清晰、明确。后续检定和使用中检查的指示表，允许有不影响计量性能的外观缺陷。

2）各部分相互作用

指示表的测杆移动应平稳、灵活、无卡滞现象。指针式指示表表圈转动平稳，静止可靠，与表体的配合无明显的松动，测杆移动时指针转动平稳、灵活，不得有卡住、阻滞和跳动现象。数显式指示表各功能键功能应灵敏、稳定、可靠。

3）指针式指示表指针与刻度盘的相互位置

指示表的测杆处于自由位置时，调整刻度盘"0"刻线和测杆轴线重合，"0"刻线调至与测量轴线一致时，长指针应位于测量轴线左上方距离"0"刻线 30°～90°范围内。带有转数指示盘的指示表，当转数指针指在整转数时，长指针与"0"刻线的相对位置：

① 量程不超过 10 mm，分度值为 0.1 mm、0.01 mm 的指示表，长指针偏离"0"刻线不超过 15 个分度。

② 量程超过 10 mm，分度值为 0.1 mm、0.01 mm 的指示表，长指针偏离"0"刻线不超过 30 个分度。

③ 分度值为 0.001 mm、0.002 mm 的指示表，长指针偏离"0"刻线不超过 20 个分度。

量程不大于 10 mm 的指针式指示表指针末端上表面与刻度盘刻线面的距离应不大于 0.7 mm。量程大于 10 mm 至 100 mm 的指针式指示表指针末端上表面到表盘刻线面间的距离不大于 0.9 mm，指针末端与表盘刻线方向一致，无目力可见的偏斜。指针长度应保证指针末端盖住短刻线长度的 30%～80%。

7.4.2.3 计量器具控制

计量器具控制包括首次检定、后续检定和使用中检查。

1）检定环境条件

检定环境条件见表 7-33。

表 7-33 检定环境条件

名称	测量范围上限 S /mm	实验室温度 /℃	室温变化 /（℃/h）	平衡温度时间 /h	实验室相对湿度
指针式指示表	0<S≤10	20±10	≤2	2	≤80%
	10<S≤100	20±8	≤1		
数显式指示表	0<S≤10	20±10	≤2		
	10<S≤100	20±5	≤1		

2）检定项目和检定器具

指示表的检定项目和主要检定器具见表 7-34。

表 7-34 检定项目和主要检定器具一览表

受检项目	主要检定器具	首次检定	后续检定	使用中检查
外观	—	+	+	+
各部分相互作用	—	+	+	+
指针式指示表指针与刻度盘的相互位置	工具显微镜 MPEV：3 μm 百分表 MPEV：0.02 mm	+	+	+
指针式指示表指针末端宽度与刻度盘的刻线宽度	工具显微镜 MPEV：3 μm	+	—	—

续表

受检项目	主要检定器具	首次检定	后续检定	使用中检查
测头测量面的表面粗糙度	表面粗糙度比较样块 MPE：+12% ~ -17%	+	-	-
指示表的行程	—	+	+	+
测量力	测力仪 MPE：±2%（分度值或分辨力≤0.1 N）	+	-	-
漂移	—	+	+	+
示值变动性	刚性表架、平面工作台	+	+	-
测杆径向受力对示值影响	半圆柱侧块、刚性表架和带筋工作台	+	+	-
示值误差 回程误差	千分表检定仪 MPEV：1.5 μm / 2 mm 百分表检定仪 MPEV：4 μm /25 mm 数显指示类量具检定仪： MPEV：2 μm / 10 mm MPEV：6 μm / 50 mm MPEV：9 μm / 100 mm 卧式测长仪 MPEV：1 μm+10⁻⁵ L	+	+	-

注：表中"＋"表示应检定，"－"表示可不检定。

3）检定方法

① 外观：目力观察。

② 各部分相互作用：目力观察和手动试验。

③ 指针与刻度盘的相互位置：测量指针末端上表面与刻度盘刻线面的距离，必要时用工具显微镜测量。测量时，采用 5 倍物镜，对指针上表面和刻度盘分别调焦，利用微动升降读数装置或附加百分表分别读数。两次读数之差即为指针末端上表面与刻度盘刻线面的距离。

视频：百分表示值误差的检定

④ 指针末端宽度和刻度盘的刻线宽度：用工具显微镜测量，指针末端宽度和刻度盘的刻线宽度至少抽检 3 条。

⑤ 测头测量面表面粗糙度：用表面粗糙度比较样块以比较法测量。测量时以最接近的表面粗糙度比较样块值作为测得值。

⑥ 指示表的行程：目力观察和试验。

⑦ 测量力：用测力仪在受检表行程的始、中、末 3 个位置进行测量，正行程测量完后，继续使指示表测杆正行程移动 5～10 个分度（分辨力），再进行反行程测量。正行程的最大测力值为指示表的最大测量力；正行程中的最大测力值与最小测力值之差为测量力的变化；同一位置正反行程测力值之差的最大值为测量力落差。对于测量范围上限不大于 10 mm 的指针式指示表的测量力应在表 7-29 所示的测量力范围要求之内。

⑧ 漂移：数显指示表开机后，将示值设定在任一数值上，观察其数字显示值在 1 h 内的

变化量。每隔 15 min 记录一次所显示的示值，取最大显示值与最小显示值的差值作为测得值。带有自动关机功能的数显指示表可以不检此项。

⑨ 示值变动性：将受检表装夹在刚性表架上，使测量轴线垂直于平面工作台，在指示表测量范围的始、中、末 3 个位置上，分别调整指针对准某一分度或某一数值，轴向提升测杆 5 次（测杆移动量不超过指示表的最大工作行程），5 次中最大读数与最小读数之差即为该位置的示值变动性。取 3 个位置上示值变动性的最大值为受检表的示值变动性。

⑩ 测杆径向受力对示值影响：将受检表装夹在刚性表架上，使受检表的测杆轴线垂直于带筋工作台，在测头与工作台之间放置一个半径为 10 mm 的半圆柱侧块（量块附件），在测量范围起始位置调整受检表测头与侧块圆柱面最高位置附近接触，沿侧块母线垂直方向，分别在受检表的前、后、左、右 4 个位置移动侧块各两次，每次侧块的最高点与表的测头接触出现最大值（拐点）时，记下读数，在 8 个读数中，最大值与最小值之差为在该位置上测杆径向受力对示值影响。这一测量还应在测量范围的中、末两位置上进行。取 3 个位置中数值最大的作为测得值。

⑪ 示值误差：指针式指示表示值误差用相应指示类量具检定仪作为标准器进行测量。

分辨力为 0.01 mm，测量范围上限小于 50 mm 的指示表，用相应指示类量具检定仪进行测量；测量范围上限大于 50 mm 的指示表，用卧式测长仪进行测量。也可采用满足测量不确定度要求的其他方法进行测量。

数显式千分表示值误差用相应指示类量具检定仪进行测量。

测量时，受检表测杆轴线应与标准器进给位移方向成一直线。当采用全自动与非全自动检定仪测量产生争议或仲裁时，以非全自动检定仪测量结果为准。

测量指示表示值误差时，将指示表装夹在相应标准器上，使测杆处于垂直向下或水平的状态，压缩测杆使指示表的指示值（显示值）置 "0"，同时调整标准器的 "0" 后开始测量，在测杆正行程方向上，根据指示表的分度值（或分辨力）以及测量范围按表 7-35、表 7-36 所示选择相应的检定间隔进行逐点测量，直至整个测量范围的终点，然后继续压缩测杆 5~20 个分度（或分辨力），再反向测量各受检点。在整个检定过程中，中途不得改变测杆的移动方向，也不应对指示表和标准器作任何调整。

表 7-35 指针式指示表检定间隔

分度值 /mm	测量区间 /mm	检定间隔 t /s
0.1	0~10	0.5
	10~20	1.0
	20~50	5.0
	50~100	10.0
0.01	0~1	0.1
	1~10	0.2
	10~20	0.5
	20~50	1.0
	50~100	5.0

续表

分度值 /mm	测量区间 /mm	检定间隔 t/s
0.002	0~1	0.05
	1~5	0.10
	5~10	0.20
0.001	0~1	0.05
	1~5	0.10

表 7-36　数显式指示表检定间隔

分辨力 /mm	测量区间/mm	检定间隔 t/s
0.01	0~1	0.2
	1~10	0.5
	10~30	1.0
	30~100	5.0
0.005	0~1	0.2
	1~10	0.5
	10~30	1.0
	30~50	5.0
0.001	0~1	0.02
	1~3	0.05
	3~10	0.50
	10~30	1.00

指针式指示表的全量程示值误差由正行程内各受检点误差的最大值与最小值之差确定。任意区间示值误差的计算方法见表 7-37。

表 7-37　指针式指示表任意区间示值误差的计算方法

分度值/mm	正行程范围 /mm				计算方法
	任意 0.05 mm	任意 0.1 mm	任意 0.2 mm	任意 1 mm	
0.1	—	—	—	0~20	取任意测量段内误差之差的最大值
0.01	—	0~1	0~10	0~50	
0.002	0~1	—	0~10	—	
0.001	0~1	—	0~5	0~5	

例如：分度值为 0.01 mm 的指示表，任意 0.1 mm 的示值误差由 0~1 mm 段正行程范围内任意 0.1 mm 段内误差之差的最大值确定

数显式指示表的全量程示值误差由正行程内各受检点误差的最大值与最小值之差确定。任意区间示值误差的计算方法见表 7-38。

表 7-38　数显式指示表任意区间示值误差的计算方法

分辨力 /mm	正行程范围 /mm				计算方法
	任意 0.02 mm	任意 0.2 mm	任意 1 mm	任意 2 mm	
0.1	—	0~1	0~30	0~30	取任意测量段内误差之差的最大值
0.005	—	0~1	0~30	0~30	
0.001	0~1	0~3	0~30	—	
例如：分辨力为 0.005 mm 的指示表，任意 0.2 mm 的示值误差由 0~1 mm 正行程范围内，任意 0.2 mm 段内误差之差的最大值确定					

⑫ 回程误差：每一受检点正、反行程误差之差的绝对值作为该受检点回程误差，取其中最大值作为受检表的回程误差。

7.4.2.4　检定结果处理

经检定符合要求的指示表出具检定证书；不符合本规程要求的指示表出具检定结果通知书，并注明不合格项目。

7.4.2.5　检定周期

指示表的检定周期根据实际使用情况确定，最长不超过 1 年。

7.4.3　检定量具

7.4.3.1　调整机器参数

连接并打开电源，电源灯亮，同时蜂鸣器长鸣一声，显示屏亮，显示日期时间，调整机器参数与被检表参数一致，如图 7-7 所示。

图 7-7　百分表检定

7.4.3.2　校对"0"位

将被检表插入检定装置的测定位置，将被检表测头与传感器测头工作面接触，使被检表指针接近"0"位，固定锁紧。

7.4.3.3 调整"0"位

旋转检定仪的手轮,使显示屏显示 0.0000,对好表的"0"位,点击清零按钮。

7.4.3.4 正行程采样

临位按采样 2 次,开始采样,然后继续转动手轮取下一点值,直至将正行程各点采完,显示屏显示各点的示值及误差值。当正行程采完后,听到长音提示,表示正行程完成。

7.4.3.5 反行程采样

转动手轮,让指针继续前进一些,再往回转,在反行程按采样后,依次进行各点采样。检完后,会有提示音表示结束。

7.4.3.6 打印结果

填写表 7-39,打印鉴定结果。

表 7-39 检定结果

序号	被检项目	检定结果
1	外观	
2	各部分相互作用	
3	指针与刻度盘的相互位置	
4	指针末端宽度与刻度盘的刻线宽度	
5	测头测量面的表面粗糙度	
6	指示表的行程	
7	测量力	
8	漂移	
9	示值变动性	
10	测杆径向受力对示值影响	
11	示值误差	
12	回程误差	
检定员:		核验员:

注:1. 表中的检定项目和正文中的计量特性、检定项目相对应。
  2. 检定结果:给出量化的值(不要简单给出"合格"二字)。

学习任务八　实战案例

8.1　案例 1

8.1.1　任务描述

公司生产部门根据制造周期或产品生产特点，提出抽样检测要求。检测员需要按照企业内部质量控制规范，抽取样品，并使用手动方式操作检测仪器或设备进行样品检测，出具检测报告。

质检部门接收样品后，质量经理指定检测员核对检测申请单（见表 8-1），要求检测员对照产品图纸要求与质量经理沟通，明确检测任务，确定抽样方案。检测员查阅检测申请单和作业指导书，根据产品表面质量、尺寸等要求和检测条件，选择相应仪器设备，制定检测方案，提交质量经理审定。检测员按照审定后的方案，检测产品表面质量和各个几何量；检测结束后需要记录检测数据，汇总检测结果、标记异常样品并及时向质量经理提交检测报告（见表 8-2）；最后对仪器进行维护保养。

机械产品的检测应符合企业生产标准规范。工作过程中，严格遵守安全操作规范，按照检测标准书和作业指导书要求，进行表面质量和几何量检测。如实登记检测结果，做好异常品的标识与隔离，按照现场管理规范清理场地、归置物品。

表 8-1　检测申请单

申请人：_____　　　申请时间：_____

样品信息	样品名称	
	供应商/生产工序	
	批号/生产日期	
	数量	
测试项目		
其他要求		
测试员意见		

表 8-2　样品检测报告

样品信息	样品型号		样品规格		样品批号	
	送样部门		送样数量		送样日期	
	镀层		测试单号		检测日期	

检测项目	检测标准	检测仪器	检测数据									
			1	2	3	4	5	6	7	8	9	10

结论：

检测设备代码：A—三坐标测量仪；B—万能试验机；C—镀层测厚仪；D—数显高度计；E—图像尺寸测量仪；F—带表卡尺；G—外径千分尺；H—深度尺；I—内径千分尺；J—粗糙度仪；K—万能角度尺；L—金相显微镜。（其余检测设备直接写名称）

测试员/日期：　　　　　　　　　　　　　确认/日期：

8.1.2 案例图纸（见图 8-1）

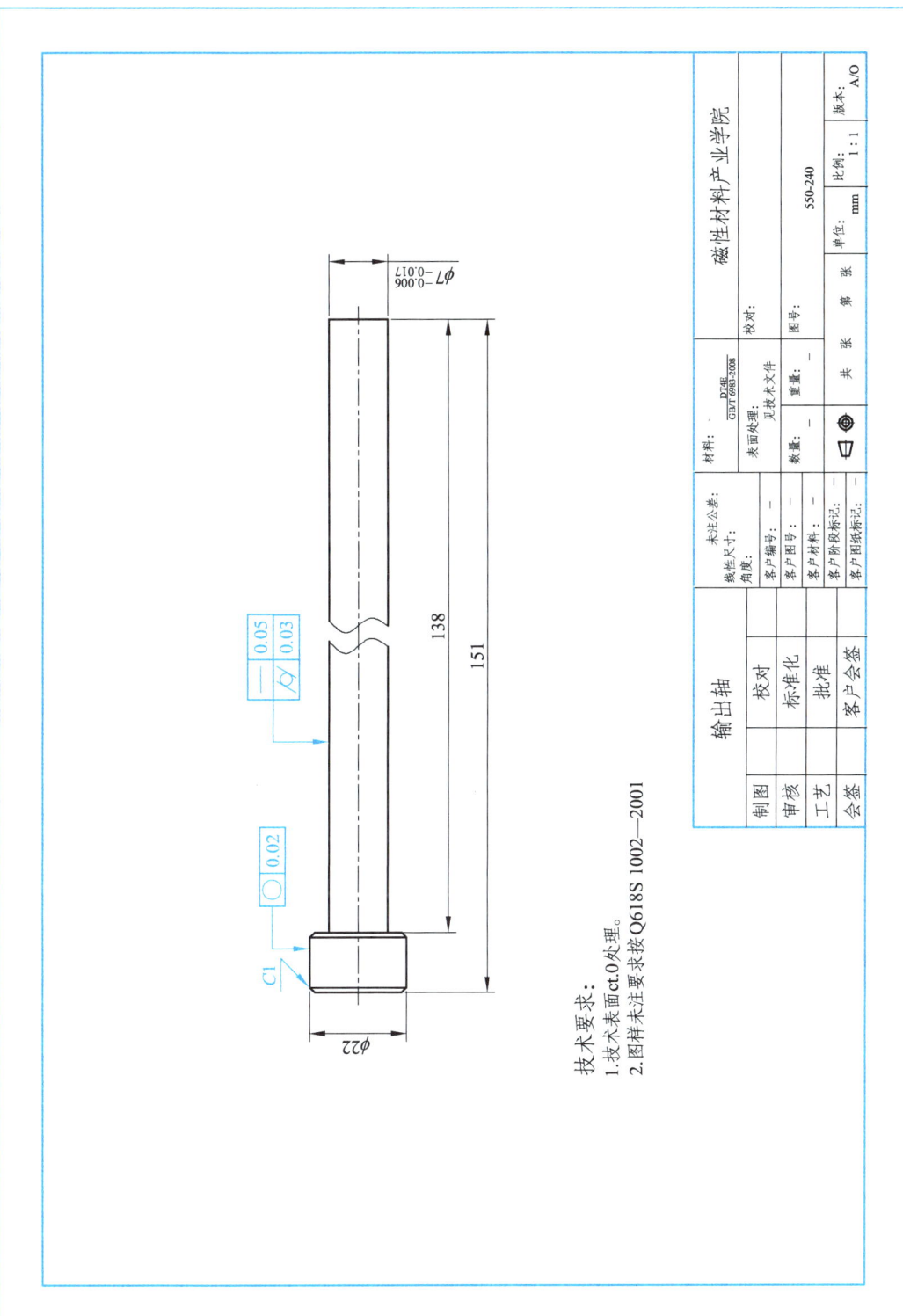

图 8-1 案例 1 图纸

8.2 案例 2

8.2.1 任务描述

公司生产部门根据制造周期或产品生产特点，提出抽样检测要求。检测员需要按照企业内部质量控制规范，抽取样品，并使用手动方式操作检测仪器或设备进行样品检测，出具检测报告。

质检部门接收样品后，质量经理指定检测员核对检测申请单（见表8-3），要求检测员对照产品图纸要求与质量经理沟通，明确检测任务，确定抽样方案。检测员查阅检测申请单和作业指导书，根据产品表面质量、尺寸等要求和检测条件，选择相应仪器设备，制定检测方案，提交质量经理审定。检测员按照审定后的方案，检测产品表面质量和各个几何量；检测结束后需要记录检测数据，汇总检测结果、标记异常样品并及时向质量经理提交检测报告；最后对仪器进行维护保养。

机械产品的检测应符合企业生产标准规范。工作过程中，严格遵守安全操作规范，按照检测标准书和作业指导书要求，进行表面质量和几何量检测。如实登记检测结果（见表8-4），做好异常品的标识与隔离，按照现场管理规范清理场地、归置物品。

表 8-3 检测申请单

申请人：_____   申请时间：_____

样品信息	样品名称	
	供应商/生产工序	
	批号/生产日期	
	数量	
测试项目		
其他要求		
测试员意见		

表 8-4　样品检测报告

样品信息	样品型号		样品规格		样品批号	
	送样部门		送样数量		送样日期	
	镀层		测试单号		检测日期	

检测项目	检测标准	检测仪器	检测数据									
			1	2	3	4	5	6	7	8	9	10

结论：

检测设备代码：A—三坐标测量仪；B—万能试验机；C—镀层测厚仪；D—数显高度计；E—图像尺寸测量仪；F—带表卡尺；G—外径千分尺；H—深度尺；I—内径千分尺；J—粗糙度仪；K—万能角度尺；L—金相显微镜。（其余检测设备直接写名称）

测试员/日期：	确认/日期：

8.2.2 案例图纸（见图 8-2）

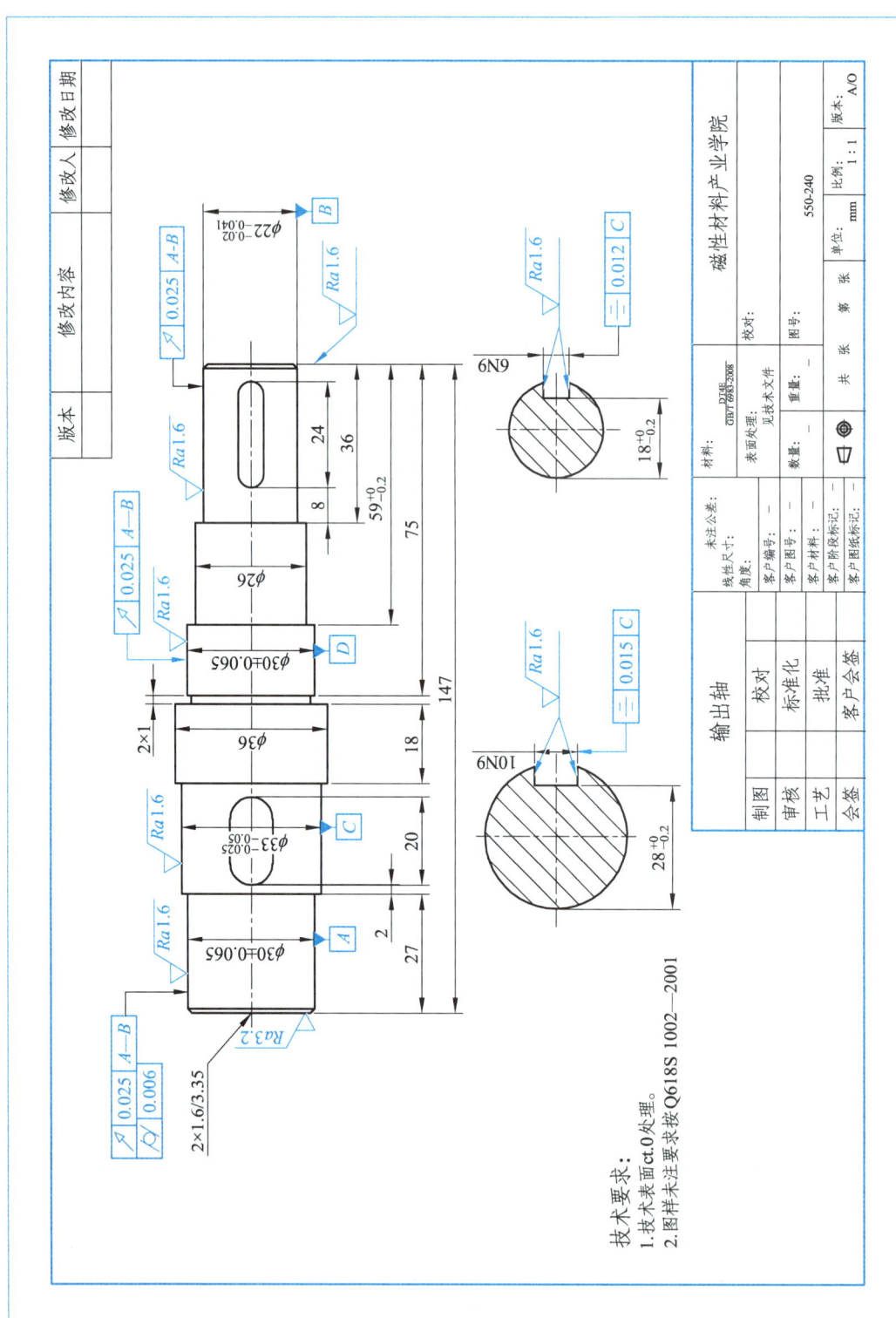

图 8-2 案例 2 图纸

8.3 案例 3

8.3.1 任务描述

公司生产部门根据制造周期或产品生产特点,提出抽样检测要求。检测员需要按照企业内部质量控制规范,抽取样品,并使用手动方式操作检测仪器或设备进行样品检测,出具检测报告。

质检部门接收样品后,质量经理指定检测员核对检测申请单(见表8-5),要求检测员对照产品图纸要求与质量经理沟通,明确检测任务,确定抽样方案。检测员查阅检测申请单和作业指导书,根据产品表面质量、尺寸等要求和检测条件,选择相应仪器设备,制定检测方案,提交质量经理审定。检测员按照审定后的方案,检测产品表面质量和各个几何量;检测结束后需要记录检测数据、汇总检测结果、标记异常样品并及时向质量经理提交检测报告;最后对仪器进行维护保养。

机械产品的检测应符合企业生产标准规范。工作过程中,严格遵守安全操作规范,按照检测标准书和作业指导书要求,进行表面质量和几何量检测。如实登记检测结果(见表8-6),做好异常品的标识与隔离,按照现场管理规范清理场地、归置物品。

表 8-5 检测申请单

申请人:_____   申请时间:_____

样品信息	样品名称	
	供应商/生产工序	
	批号/生产日期	
	数量	
测试项目		
其他要求		
测试员意见		

表 8-6　样品检测报告

样品信息	样品型号		样品规格		样品批号	
	送样部门		送样数量		送样日期	
	镀层		测试单号		检测日期	

检测项目	检测标准	检测仪器	检测数据									
			1	2	3	4	5	6	7	8	9	10

结论：

检测设备代码：A—三坐标测量仪；B—万能试验机；C—镀层测厚仪；D—数显高度计；E—图像尺寸测量仪；F—带表卡尺；G—外径千分尺；H—深度尺；I—内径千分尺；J—粗糙度仪；K—万能角度尺；L—金相显微镜。（其余检测设备直接写名称）

测试员/日期：	确认/日期：

8.3.2 案例图纸（见图 8-3）

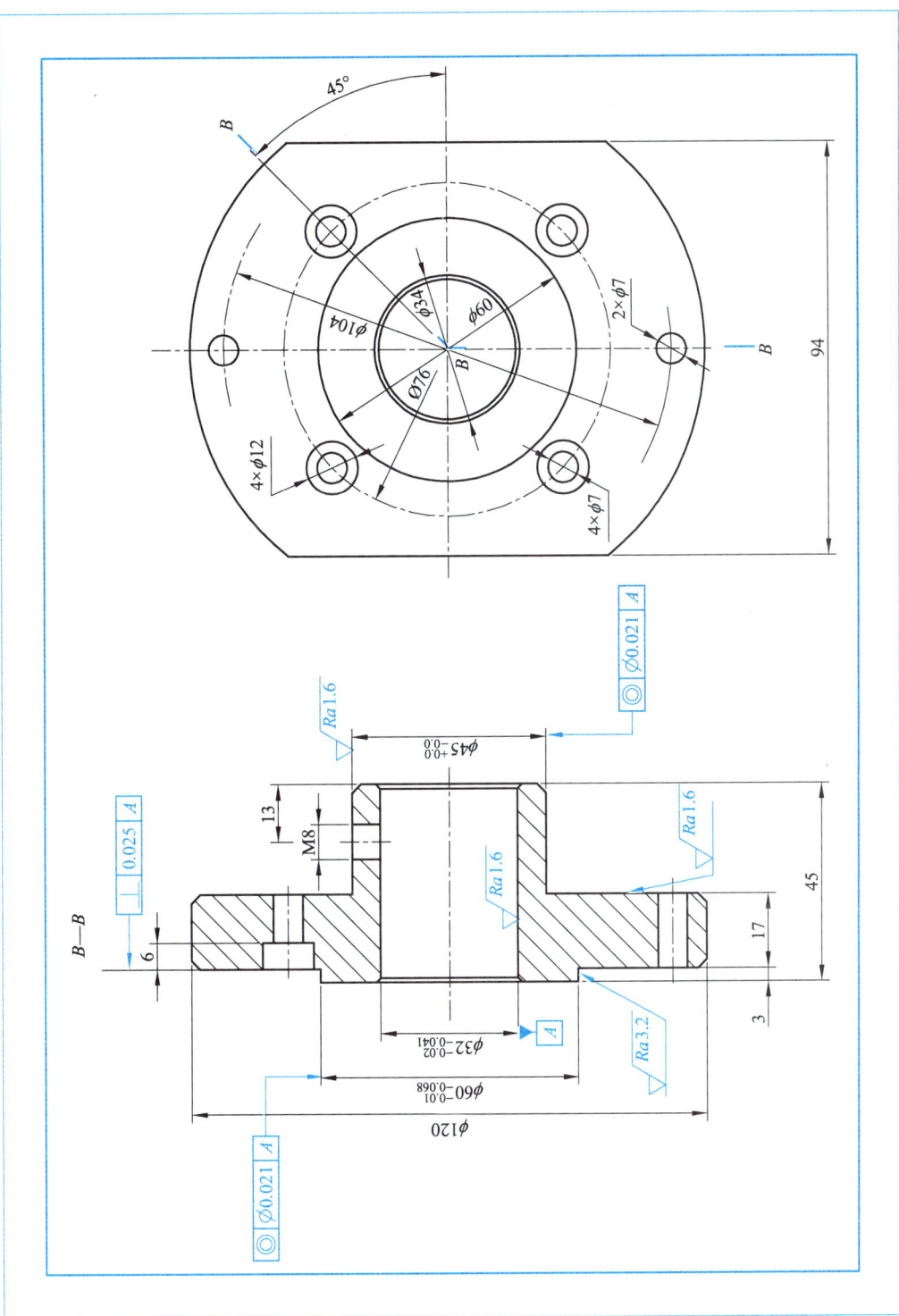

图 8-3 案例 3 图纸

8.4 案例 4

8.4.1 任务描述

公司生产部门根据制造周期或产品生产特点，提出抽样检测要求。检测员需要按照企业内部质量控制规范，抽取样品，并使用手动方式操作检测仪器或设备进行样品检测，出具检测报告。

质检部门接收样品后，质量经理指定检测员核对检测申请单（见表8-7），要求检测员对照产品图纸要求与质量经理沟通，明确检测任务，确定抽样方案。检测员查阅检测申请单和作业指导书，根据产品表面质量、尺寸等要求和检测条件，选择相应仪器设备，制定检测方案，提交质量经理审定。检测员按照审定后的方案，检测产品表面质量和各个几何量；检测结束后需要记录检测数据，汇总检测结果、标记异常样品并及时向质量经理提交检测报告；最后对仪器进行维护保养。

机械产品的检测应符合企业生产标准规范。工作过程中，严格遵守安全操作规范，按照检测标准书和作业指导书要求，进行表面质量和几何量检测。如实登记检测结果（见表8-8），做好异常品的标识与隔离，按照现场管理规范清理场地、归置物品。

表 8-7 检测申请单

申请人：_____   申请时间：_____

样品信息	样品名称	
	供应商/生产工序	
	批号/生产日期	
	数量	
测试项目		
其他要求		
测试员意见		

表8-8 样品检测报告

样品信息	样品型号		样品规格		样品批号	
	送样部门		送样数量		送样日期	
	镀层		测试单号		检测日期	

检测项目	检测标准	检测仪器	检测数据									
			1	2	3	4	5	6	7	8	9	10

结论：

检测设备代码：A—三坐标测量仪；B—万能试验机；C—镀层测厚仪；D—数显高度计；E—图像尺寸测量仪；F—带表卡尺；G—外径千分尺；H—深度尺；I—内径千分尺；J—粗糙度仪；K—万能角度尺；L—金相显微镜。（其余检测设备直接写名称）

测试员/日期：　　　　　　　　　　　　　确认/日期：

8.4.2 案例图纸（见图 8-4、图 8-5）

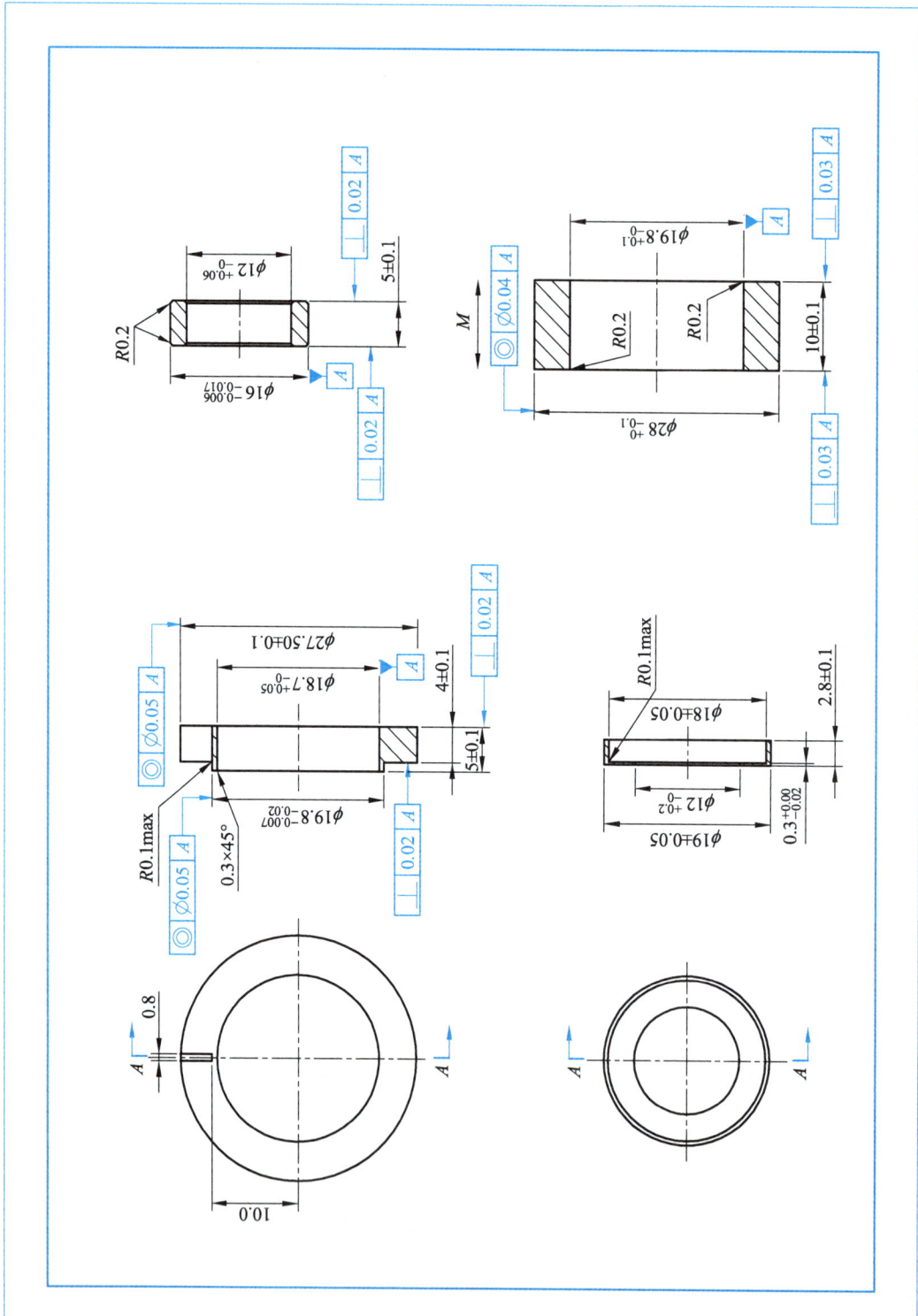

图 8-4 案例 4 图纸一

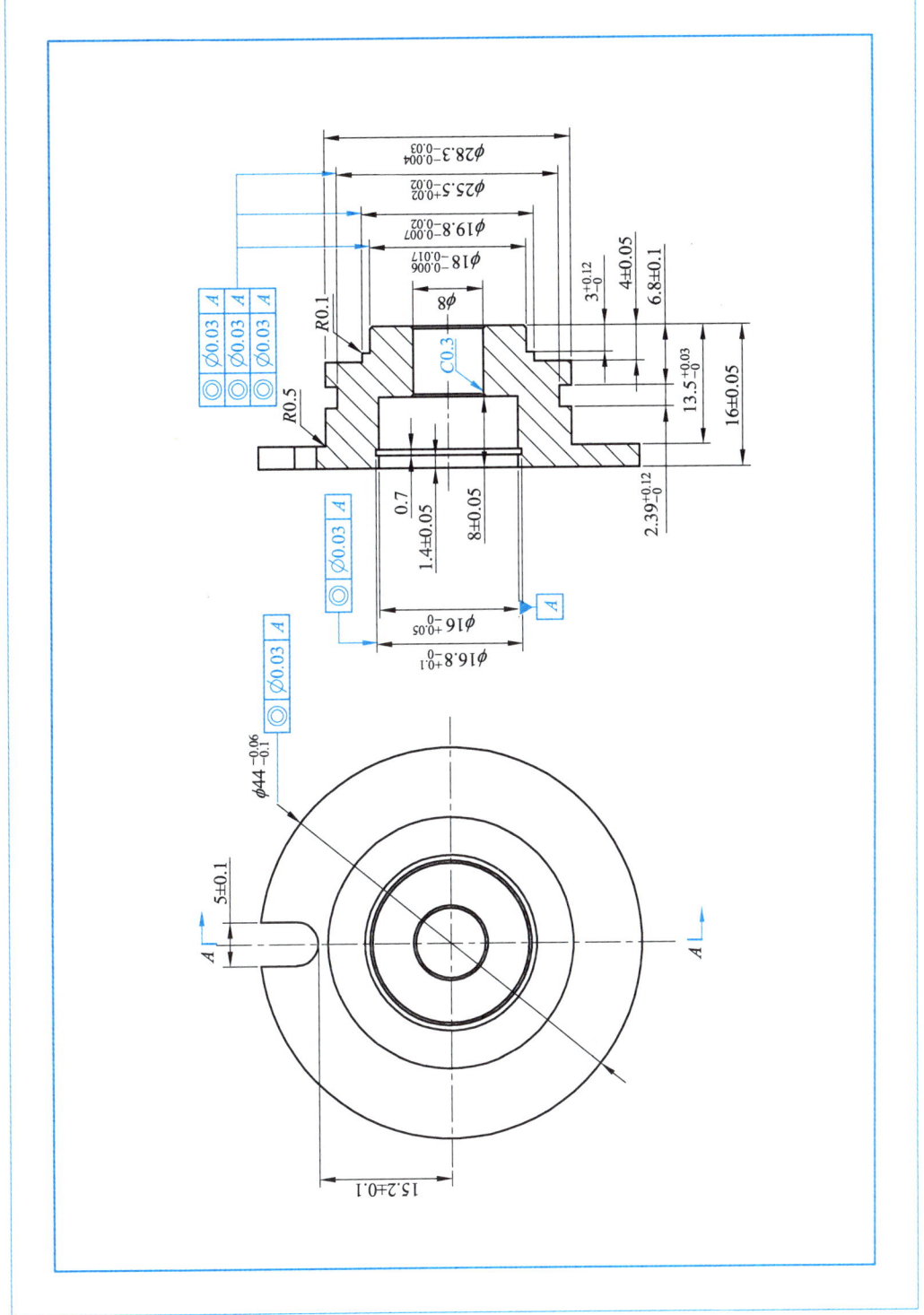

图 8-5 案例 4 图纸二

8.5 案例 5

8.5.1 任务描述

公司生产部门根据制造周期或产品生产特点，提出抽样检测要求。检测员需要按照企业内部质量控制规范，抽取样品，并使用手动方式操作检测仪器或设备进行样品检测，出具检测报告。

质检部门接收样品后，质量经理指定检测员核对检测申请单（见表8-9），要求检测员对照产品图纸要求与质量经理沟通，明确检测任务，确定抽样方案。检测员查阅检测申请单和作业指导书，根据产品表面质量、尺寸等要求和检测条件，选择相应仪器设备，制定检测方案，提交质量经理审定。检测员按照审定后的方案，检测产品表面质量和各个几何量；检测结束后需要记录检测数据，汇总检测结果、标记异常样品并及时向质量经理提交检测报告；最后对仪器进行维护保养。

机械产品的检测应符合企业生产标准规范。工作过程中，严格遵守安全操作规范，按照检测标准书和作业指导书要求，进行表面质量和几何量检测。如实登记检测结果（见表8-10），做好异常品的标识与隔离，按照现场管理规范清理场地、归置物品。

表 8-9　检测申请单

申请人：_____　　　　申请时间：_____

样品信息	样品名称	
	供应商/生产工序	
	批号/生产日期	
	数量	
测试项目		
其他要求		
测试员意见		

表 8-10　样品检测报告

样品信息	样品型号		样品规格		样品批号	
	送样部门		送样数量		送样日期	
	镀层		测试单号		检测日期	

检测项目	检测标准	检测仪器	检测数据									
			1	2	3	4	5	6	7	8	9	10

结论：

检测设备代码：A—三坐标测量仪；B—万能试验机；C—镀层测厚仪；D—数显高度计；E—图像尺寸测量仪；F—带表卡尺；G—外径千分尺；H—深度尺；I—内径千分尺；J—粗糙度仪；K—万能角度尺；L—金相显微镜。（其余检测设备直接写名称）

测试员/日期：　　　　　　　　　　　　　　确认/日期：

8.5.2 案例图纸（见图 8-6）

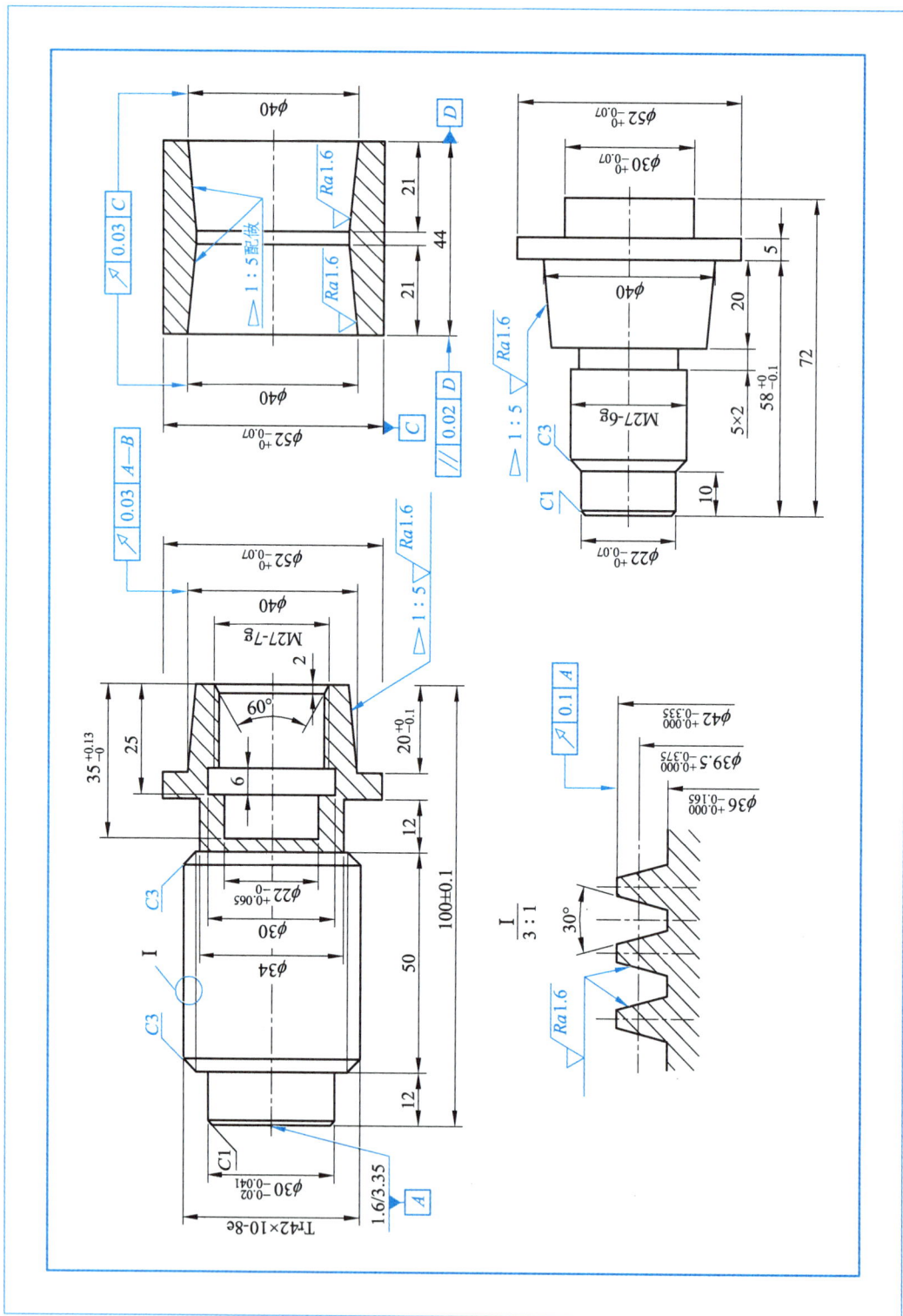

图 8-6 案例 5 图纸

参考文献

[1] 全国产品尺寸和几何技术规范标准化技术委员会. 产品几何技术规范（GPS）极限与配合 第1部分：公差、偏差和配合的基础：GB/T 1800.1—2020[S]. 北京：中国标准出版社，2020.

[2] 全国产品尺寸和几何技术规范标准化技术委员会. 产品几何技术规范（GPS）极限与配合 第2部分：标准公差等级和孔、轴极限偏差表：GB/T 1800.2—2020[S]. 北京：中国标准出版社，2009.

[3] 全国产品尺寸和几何技术规范标准化技术委员会. 一般公差 未注公差的线性和角度尺寸的公差：GB/T 1804—2000[S]. 北京：中国标准出版社，2000.

[4] 全国产品尺寸和几何技术规范标准化技术委员会. 产品几何技术规范(GPS)几何公差、形状、方向、位置和跳动公差标注：GB/T 1182—2018[S]. 北京：中国标准出版社，2019.

[5] 全国产品尺寸和几何技术规范标准化技术委员会. 产品几何技术规范(GPS)基础概念、原则和规则：GB/T 4249—2018[S]. 北京：中国标准出版社，2019.

[6] 全国产品尺寸和几何技术规范标准化技术委员会. 产品几何技术规范（GPS）几何公差 最大实体要求（MMR）、最小实体要求（LMR）和可逆要求（RPR）：GB/T 16671—2018[S]. 北京：中国标准出版社，2019.

[7] 全国产品尺寸和几何技术规范标准化技术委员会. 产品几何技术规范（CPS）表面结构 轮法术语、定义及表面结构参数：GB/T 3505—2009[S]. 北京：中国标准出版社，2009.

[8] 全国产品尺寸和几何技术规范标准化技术委员会. 产品几何技术规范（GPS）表面结构 轮廓法表面粗糙度参数及其数值：GB/T 1031—2009[S]. 北京：中国标准出版社，2009.

[9] 全国产品尺寸和几何技术规范标准化技术委员会. 产品几何技术规范（GPS）技术产品文件中表面结构的表示法：GB/T 131—2006[S]. 北京：中国标准出版社，2007.

[10] 全国螺纹标准化技术委员会. 普通螺纹 公差：GB/T 1197—2018[S]. 北京：中国标准出版，2018.

[11] 张瑾，周启芬，巩芳. 公差配合与技术测量[M]. 北京：机械工业出版社，2023.

[12] 崔陵，娄海滨. 零件测量与质量控制技术[M]. 北京：机械工业出版社，2014.

[13] 邓方贞，杨淑珍. 机械测量技术[M]. 北京：机械工业出版社，2017.

[14] 沈学勤，李世维. 极限配合与技术测量[M]. 北京：高等教育出版社，2002.

[15] 熊永康，顾吉仁，漆军. 公差配合与技术测量[M]. 武汉：华中科技大学出版社，2013.

习题答案

《机械产品测量技术》技术练兵习题答案